MANUEL
DU NÉGOCIANT

ET

DU MANUFACTURIER.

MANUEL
DU NÉGOCIANT

ET

DU MANUFACTURIER,

CONTENANT

LES LOIS ET RÉGLEMENS

RELATIFS AU COMMERCE, AUX FABRIQUES ET A L'IN-
DUSTRIE; LA CONNAISSANCE DES MARCHANDISES;
LES USAGES DANS LES VENTES ET ACHATS; LES
POIDS, MESURES, MONNAIES ÉTRANGÈRES; LES
DOUANES, ET LES TARIFS DES DROITS.

PAR M. PEUCHET.

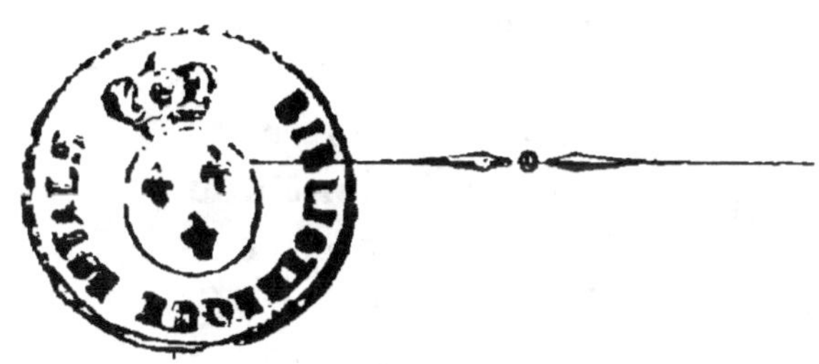

PARIS,

RORET, LIBRAIRE, RUE HAUTEFEUILLE,
AU COIN DE CELLE DU BATTOIR.
1829.

AVANT-PROPOS.

Ce n'est point un Traité d'économie politique, ni une théorie de la législation du commerce et de l'industrie, que nous présentons au public dans ce Manuel; c'est un ouvrage destiné à guider soit les jeunes gens qui veulent se livrer au commerce, soit, et principalement, les négocians, marchands, fabricans et manufacturiers eux-mêmes, qui sentiraient l'utilité d'avoir sous la main, dans une forme portative et sommaire, les connaissances dont l'application se reproduit chaque jour dans les transactions dont ils s'occupent.

Le commerce n'est plus une profession obscure, bornée au seul mérite de faire la fortune de ceux qui l'exercent; son importance dans l'ordre politique a été reconnue, de grands encouragemens et une protection particulière lui ont été accordés.

Les études qu'il exige se sont étendues, elles embrassent des objets qui jusqu'ici étaient peu familiers aux négocians. Les arts, les sciences, lui ont prêté leur appui; et l'industrie, si féconde en miracles depuis qu'elle est libre, lui a donné des alimens et une activité qu'il ne connaissait pas avant. Quelques lenteurs, quelque embarras dans la marche rapide de ses opérations ont pu un moment en arrêter l'essor, mais sans en tarir les sources toujours subsistantes, toujours prêtes à renaître avec une nouvelle vigueur.

La science du négociant, celle du manufacturier, telles que nous les envisageons ici, consistent essentiellement dans la connaissance des lois et des réglemens d'administration qui les régissent, dans celle des opérations journalières et des usages dont se compose l'exercice de ces deux professions. On pourrait y ajouter les travaux du banquier, les fonctions de l'agent de change et des courtiers, devenus les intermédiaires les plus utiles des transactions commerciales et des entreprises manufacturières. Aussi en ferons-nous l'objet d'un Manuel particulier, qui leur sera consacré, et qu'on pourra regarder comme une suite à celui-ci, quoique indépendant l'un de l'autre par la forme et le but.

Voici l'ordre que nous suivons dans ce que nous avons à dire sur la science du commerce et de l'industrie manufacturière dans cet ouvrage.

1°. Idée du Code de Commerce, et dispositions principales sur l'état du négociant, la nature des actes qui le constituent, les obligations et conditions imposées à l'exercice du commerce.

2°. Dispositions relatives aux sociétés commerciales, aux droits et devoirs des agens du commerce, tels que commissionnaires de marchandises et roulage, etc.

3°. Papiers de crédit et effets de commerce, lettres de change, etc.

4°. Connaissance des marchandises et des usages suivis dans les ventes et achats : ce qui nous conduit à parler du commerce intérieur et du commerce extérieur, et à rapporter les divers réglemens qui concernent l'un et l'autre ; tels que les douanes et les droits imposés à la vente de certains objets de consommation intérieure.

La partie des manufactures embrasse les réglemens auxquels sont assujettis ceux qui les établissent et font commerce de leurs produits : ici se trouvent classées les lois concernant les ouvriers, les ateliers insalubres ou dangereux ; les établissemens de chambres consultatives des manufactures, arts et métiers ; les conseils de prudhommes ; enfin, l'aperçu de l'état de l'industrie manufacturière portée aujourd'hui à un si haut degré de perfection.

Dans tout ce que nous avons réuni de connaissances ici, nous avons voulu nous en tenir à celles dont l'utilité est reconnue, nous avons été positif. L'aperçu général que nous venons d'en présenter se développe dans l'ouvrage en une multitude d'articles ; ils forment quatre grandes divisions, dont celle du négociant est la première, et celle du manufacturier la seconde.

Parmi les écrits que nous avons dû consulter dans cet important travail, nous citerons de la manière la plus honorable celui de M. Vincens, maître des requêtes et chef de la division du commerce au ministère de l'intérieur (1), ouvrage sans contredit le mieux fait sur la législation du commerce, et que nous nous plaisons à rappeler ici.

Nous pouvons citer aussi comme un excellent recueil de documens sur l'état et les progrès des manufactures, le *Procès-verbal du Jury d'admission des objets et produits de l'industrie française aux expositions :* il nous a également servi dans la rédaction de notre Manuel.

---

(1) *Exposition raisonnée de la Législation commerciale, et Examen critique du Code de Commerce.* 3 vol. in-8°. 1821.

TABLEAU CHRONOLOGIQUE

DES

LOIS, ORDONNANCES ET RÉGLEMENS

SUR LE COMMERCE ET LES DOUANES.

1790. 31 octobre. — Décret portant abolition de tous les droits de traites et bureaux des douanes placés dans l'intérieur du royaume.

1790. 1er décembre. — Décret sur les douanes; bases d'après lesquelles sera réglé le tarif des droits perçus tant à l'entrée qu'à la sortie des marchandises.

1791. 15 mars. — Tarif général des droits perçus à l'entrée et sortie du royaume sur les marchandises tant nationales qu'étrangères.

1791. 23 avril. — Décret portant organisation des douanes nationales.

1791. 30 avril. — Décret portant exemption des droits de sortie sur les productions du crû de France, comestibles, denrées coloniales sujettes à réexportation.

1791. 28 juillet, 2 et 6 août. — Décrets relatifs aux droits d'entrée et de sortie sur les marchandises dans les relations avec l'étranger; formalités des acquits à caution ; classement des marchandises qui acquitteront les droits au poids brut ou au poids net.

1792. 29 juillet. — Loi sur les difficultés qui s'élèvent dans les tribunaux relativement aux agens de change.

1793. 19 mai.—Décret portant suppression et modification de plusieurs droits d'entrée sur différens comestibles et marchandises.

1793. 21 septembre.—Décret qui distrait des ministères de l'intérieur et de la marine toutes les parties du commerce extérieur, et les attribue aux douanes.

An III. 27 nivose. — Tableau des marchandises qui doivent jouir d'une modération de droits d'entrée.

An III. 28 nivose. — Loi qui autorise les tribunaux de commerce à nommer d'office des arbitres pour la décision des contestations en augmentation de fret.

An III. 25 thermidor. — Loi qui permet de souscrire et mettre en circulation, de gré à gré, des effets au porteur.

An III. 15 fructidor. — Loi portant défense de vendre dans d'autres lieux qu'à la Bourse, de l'or, de l'argent, etc.

An IV. 20 vendémiaire. — Loi qui défend toutes négociations en blanc de lettres de change ou autres effets de commerce.

An IV. 20 vendémiaire. — Loi portant que le cours du change et celui de l'or et de l'argent, soit monnoyés, soit en barres, seront réglés chaque jour à l'issue de la Bourse.

An IV. 28 vendémiaire. — Loi sur la police de la Bourse.

An IV. 30 nivose. — Arrêté du Directoire exécutif, concernant la tenue de la Bourse.

An IV. 7 pluviose. — Arrêté du Directoire exécutif, qui accorde aux négocians étrangers l'entrée de la Bourse.

An IV. 15 pluviose. — Arrêté du Directoire exécutif, sur la manière de constater le cours des effets publics.

An iv. 2 ventose. — Arrêté portant réglement concernant la Bourse.

An iv. 2 germinal. — Décret relatif au commerce maritime et aux douanes de France.

An iv. 4 floréal. — Décret concernant les conditions auxquelles les douaniers pourront exercer les retenues sur les marchandises.

An v. 24 nivose. — Loi sur l'exportation des marchandises et les droits de sortie.

An v. 23 germinal. — Loi relative à une nouvelle organisation des douanes.

An vi. 18 ventose. — Arrêté relatif aux mesures pour empêcher l'introduction de marchandises anglaises, et désignation de celles qui sont prohibées.

An vi. 15 germinal. — Loi relative à la contrainte par corps.

An vii. 9 floréal. — Loi relative au tarif des douanes, aux changemens dans la perception des droits aux denrées coloniales, à l'importation et exportation, et au transit.

An viii. 25 ventose. — Arrêté relatif à l'établissement de bureaux de douanes pour la visite et le plombage des marchandises dans les villes de commerce.

An viii. 12 messidor. — Extrait de l'arrêté qui détermine les fonctions du préfet de police de Paris.

An ix. 28 ventose. — Loi relative à l'établissement des Bourses de commerce.

An ix. 29 germinal. — Arrêté relatif à la désignation des villes où doivent être établies des Bourses de commerce, à l'organisation et à la police de ces Bourses.

An ix. 3 messidor. — Arrêté portant établissement d'une Bourse de commerce à Paris.

An IX. 1er thermidor. — Arrêté portant nomination des agens de change près la Bourse de commerce de Paris.

An IX. 1er thermidor. — Ordonnance du préfet de police concernant la police de la Bourse.

An IX. 29 fructidor. — Arrêté portant création d'un directeur général et de quatre administrateurs des douanes.

An X. 27 floréal. — Loi relative aux taxes des douanes aux entrepôts, importations, exportations, et aux denrées coloniales.

An X. 27 prairial. — Arrêté concernant les Bourses de commerce.

An XI. 29 germinal. — Loi relative à la Banque de France.

An XI. 2 prairial. — Extrait de l'arrêté contenant réglement sur les armemens en course et les prises maritimes.

An XI. 8 floréal. — Loi relative aux douanes et à la fixation des droits sur les denrées et marchandises venant de l'étranger..

An XII. 5 vendémiaire. — Arrêté concernant l'emploi des traites et obligations données en acquits des droits de douanes.

An XII. 22 ventose. — Loi étendue relative aux douanes, aux droits d'importation et d'exportation; prohibition des denrées coloniales anglaises; réglement sur les bâtimens neutres, etc.

An XIII. 25 nivose. — Loi concernant des mesures relatives au remboursement des cautionnemens fournis par les agens de change, courtiers de commerce et autres.

An XIII. 1 et 17 pluviose. — Lois sur les douanes, et nouveau tarif des droits d'entrée et sortie.

An xiv. 3o fructidor. — Avis du Conseil d'État sur la question de savoir si les lettres de change sont payables en billets de banque.

1806. 22 avril — Loi relative à la Banque.

1806. 3o avril. — Loi sur les douanes, relative aux droits d'entrée et sortie et aux marchandises prohibées.

1806. 5 mai. — Extrait du décret contenant réglement sur les boissons.

1806. 23 septembre. — Décret concernant les dépenses relatives aux chambres de commerce.

1807. 25 janvier. — Avis du Conseil d'Etat sur les formes à observer pour les protêts des lettres de change et des billets de commerce.

1807. 7 septembre. — Loi étendue sur les douanes et les droits d'entrée de certaines marchandises.

1807. 15 septembre. — Loi qui fixe l'époque à partir de laquelle le Code de Commerce sera exécuté.

1808. 11 janvier. — Décret qui assimile aux lettres de change de commerce les traites du caissier général du Trésor public.

1808. 16 janvier. — Décret qui arrête définitivement les statuts de la Banque de France.

1808. 2 février. — Avis du Conseil d'Etat sur le sens de l'article 620 du Code de Commerce, relatif à l'égibilité aux places de juges.

1808. 1er mars. — Extrait du décret concernant les majorats et les inscriptions au grand-livre.

1808. 18 mai. — Décret contenant organisation des comptoirs de la Banque de France.

1808. 3 septembre. — Décret qui approuve une délibération du conseil général de la Banque de France sur les dépôts volontaires.

1809. 17 mai. — Avis du Conseil d'Etat en interprétation des articles 27 et 28 du Code de Commerce, relatifs aux associés commanditaires.

1809. 17 mai. — Avis du Conseil d'Etat, portant que la connaissance des ventes des navires saisis appartient aux tribunaux ordinaires.

1809. 17 mai. — Avis du Conseil d'Etat, relatif aux moyens de réprimer l'exercice illicite des fonctions d'agens de change et de courtiers sur les places de commerce par des individus non commissionnés.

1809. 11 juin. — Décret contenant réglement sur les conseils de prud'hommes.

1809. 1er juillet. — Décret concernant la retenue qui se fait dans le commerce sous le nom de *passe de sacs*.

1809. 6 octobre. — Décret concernant l'organisation des tribunaux de commerce.

1810. 8 février. — Décret qui double les droits d'entrée portés au tarif des douanes sur les marchandises coloniales.

1810. 20 février. — Nouvelle rédaction du décret du 11 juin 1809, portant réglement sur les conseils de prud'hommes.

1810. 20 mars. — Avis du Conseil d'Etat, sur la question de savoir si les effets de commerce échéant le 31 décembre peuvent être protestés, faute de paiement le 1er janvier.

1810. 3 août. — Décret concernant la juridiction des prud'hommes.

1810. 5 août et 12 septembre. — Décrets portant fixation des droits d'entrée sur les cotons, denrées et productions de l'Inde.

1811. 22 novembre. — Décret portant que les ventes publiques de marchandises pourront être faites, dans tous les cas, par les courtiers de commerce.

1812. 17 avril. — Décret qui détermine le mode d'exécution de celui du 22 novembre 1811, relatif aux ventes publiques de marchandises par les courtiers de commerce.

1813. 25 septembre. — Décret concernant les mineurs ou interdits, propriétaires d'une action de la Banque de France, ou de portions d'action n'excédant pas ensemble une action entière.

1814. 27 janvier. — Avis du Conseil d'Etat, sur une question relative au protêt des lettres de change et billets à ordre, dans le cas d'invasion de l'ennemi et d'événemens de guerre.

1814. 21 février. — Décret portant que les extraits d'acte de société dont l'affiche est ordonnée par l'article 42 du Code de Commerce, seront en outre insérés dans les affiches judiciaires et les journaux de commerce.

1814. 23 avril. — Ordonnance du Roi qui fixe provisoirement les droits d'entrée des marchandises et denrées coloniales.

1814. 7 décembre. — Loi relative aux douanes; droits d'exportation et d'importation.

1815. 7 décembre. — Loi relative aux droits d'importation et d'exportation, etc.

1815. 21 décembre. — Ordonnance du Roi, relative aux dépenses des chambres de commerce.

1816. 28 avril. — Loi relative aux droits d'entrée et de sortie, aux prohibitions, aux primes, etc.

1816. 3 juillet. — Ordonnance du Roi, qui règle le mode de transmission des fonctions d'agens de change et de courtiers de commerce dans tout le royaume, en cas de démission ou de décès.

1817. 19 mars. — Loi relative aux lettres de change.

1818. 9 janvier. — Ordonnance portant fixation du cautionnement des agens de change et courtiers.

1819. 1er juillet. — Ordonnance du Roi, portant que le tribunal et la chambre de commerce de Paris concourront à la formation du tableau des marchandises que les courtiers peuvent vendre.

1819. 23 août. — Ordonnance du Roi, qui détermine la composition et les fonctions du conseil général du commerce, établi près le ministre de l'intérieur.

1819. 23 août. — Ordonnance du Roi, qui détermine la composition et les fonctions du conseil général des manufactures, établi près le ministre de l'intérieur.

1825. 10 avril. — Loi relative à la piraterie, à la baraterie et à la protection du commerce maritime.

1826. 17 mai. — Loi relative aux droits d'entrée et de sortie, aux entrepôts et au transit, etc.

MANUEL DU NÉGOCIANT

ET

DU MANUFACTURIER.

PREMIÈRE PARTIE.

LÉGISLATION ET ADMINISTRATION DU COMMERCE.

CHAPITRE PREMIER.

DU CODE DE COMMERCE.

La connaissance du Code de Commerce est tellement liée à la science du négociant et à l'exercice de sa profession, que c'est par elle que nous devons commencer.

Jusqu'à l'époque du 1er janvier 1808, le commerce était régi, en France, par l'ordonnance de 1673; une loi rendue le 15 septembre 1807 porte « qu'à dater du 1er janvier 1808, toutes les anciennes lois touchant les matières commerciales, sur lesquelles il est statué par le nouveau Code, sont abolies. »

Ce Code est divisé en quatre livres.

Le premier traite du commerce en général et des

commerçans, bien que la définition des actes de commerce ne se trouve qu'au quatrième, à l'occasion de la compétence des tribunaux ; en quoi nous intervertirons l'ordre du Code, rappelant, à la suite des dispositions sur les commerçans, les actes qui les caractérisent.

Le premier livre, après avoir établi ce qui constitue l'homme de commerce, traite des sociétés, des contestations entre associés, des séparations de biens en ce qui touche les époux commerçans, des bourses de commerce, des agens de change et courtiers, des commissionnaires et voituriers, des achats et ventes, ou plutôt des preuves admises pour en faire foi devant les tribunaux de commerce, enfin des lettres de change, billets à ordre et des prescriptions auxquelles sont sujettes les actions qui en dérivent.

Le second livre traite du commerce maritime, ce qui comprend, comme accessoires, le contrat à la grosse et les assurances maritimes.

Le troisième livre a pour objet les faillites et les banqueroutes ; le quatrième et dernier, l'organisation et la compétence des tribunaux de commerce.

Dans ce que nous avons à dire des obligations auxquelles les négocians, marchands et fabricans sont soumis par le Code de Commerce, nous ne présenterons au lecteur que les dispositions d'un usage et d'une application habituels ; il n'y sera point question, nous le répétons, des cas litigieux, des exceptions rares ou des circonstances qui peuvent occasionner le recours devant les tribunaux.

Nous ne suivrons pas non plus la division du Code dans les articles de notre Manuel ; mais nous en emprunterons le texte et les dispositions lorsqu'ils seront nécessaires aux développemens où nous entrerons. C'est ainsi que nous renverrons à la partie de notre ouvrage qui traite des agens de change et courtiers, ce que le Code dit d'eux dans le premier livre ; il en sera de même des autres objets, selon le rapport qu'ils auront avec la division des matières que nous avons adoptée.

Commençons par faire connaître ce que la loi entend par commerçant, et les actes qui, en cette qualité, le rendent justiciable des tribunaux de commerce.

CHAPITRE II.

DE L'ÉTAT DU NÉGOCIANT-COMMERÇANT, ET DES ACTES DE COMMERCE QUI LE CARACTÉRISENT.

« Sont commerçans, dit le Code, tous ceux qui exercent des actes de commerce, et en font leur profession habituelle. »

Les actes de commerce qui constituent le négociant ou commerçant, lorsqu'il en fait sa profession habituelle, et qui le soumettent, pour ces actes, à la juridiction du tribunal de commerce, ont été déterminés et fixés par les articles 632 et 633 du Code.

« La loi répute actes de commerce, y est-il dit, tout achat de denrées et marchandises pour les revendre, soit en nature, soit après les avoir travaillées et mises en œuvre, ou même pour en louer simplement l'usage ; toute entreprise de manufacture, de commission, de transport par terre ou par eau ; toute entreprise de fournitures, d'agences, bureaux d'affaires, établissemens de ventes à l'encan, de spectacles publics ; toute opération de change, banque et courtage ; toutes les opérations des banques publiques ; toutes obligations entre négocians, marchands et banquiers ; et entre toutes personnes, les lettres de change, ou remises d'argent de place en place.

« La loi répute également actes de commerce, toute entreprise de construction, tous achats, ventes et reventes de bâtimens pour la navigation intérieure et extérieure ; toutes expéditions maritimes ; tout achat ou vente d'agrès, apparaux et avitaillemens; tout affrétement ou nolisement, emprunt ou prêt à la grosse; toutes assurances et autres contrats concernant le commerce de mer; tous accords et conventions pour salaires et loyers d'équipages; tous engagemens des gens de mer pour le service de bâtimens de commerce. »

La loi place encore sous la juridiction des tribunaux de commerce les actions entre les facteurs, commis de marchands ou leurs serviteurs, pour le fait seulement du trafic du marchand auquel ils sont attachés; les affaires concernant les billets faits par les veuves, payeurs, percepteurs et autres comptables des deniers publics.

CHAPITRE III.

DES CONDITIONS A REMPLIR POUR EXERCER LE COMMERCE.

« Tout mineur émancipé de l'un et l'autre sexe, de dix-huit ans accomplis, qui veut faire le commerce, ne peut en commencer les opérations ni être réputé majeur, quant aux engagemens contractés pour faits de commerce, 1°. s'il n'a été préalablement autorisé par son père, ou par sa mère en cas de décès, ou, à défaut de sa mère, par un conseil de famille homologué par le tribunal civil; 2°. si, en outre, l'acte d'autorisation n'a été enregistré et affiché au tribunal de commerce du lieu où le mineur veut établir son domicile.

« La femme ne peut être marchande publique sans le consentement de son mari; mais elle peut, du moment qu'elle est reconnue telle, s'obliger pour ce qui est de son négoce, et, en ce cas même, elle oblige son mari s'il y a communauté entre eux.

« La femme n'est pas réputée marchande publique si elle ne fait que détailler les marchandises du commerce de son mari ; elle n'est réputée telle que lorsqu'elle fait un commerce séparé. »

Nous renvoyons au Code même du Commerce pour les autres stipulations qui sont relatives aux femmes et aux mineurs, et qui résultent des dispositions du Code Civil.

L'exercice du commerce entraîne une obligation indépendante des droits que donne l'observation des règles ci-dessus ; c'est la condition des patentes. Nous en ferons l'objet du chapitre suivant.

CHAPITRE IV.

DES PATENTES.

On connaît les entraves que les anciens réglemens des corps de marchands et des communautés d'artisans mettaient à l'essor de l'industrie et à la liberté du commerce. Elles ne cessèrent entièrement que par suite de la loi du mois de mai 1791, par laquelle l'Assemblée Constituante abolit les corporations, jurandes et maîtrises, et y substitua l'obligation, pour quiconque exercerait le commerce ou une industrie commerciale, de se munir d'une *patente*, dont on fit en même temps une ressource financière et un moyen de police.

Cette législation a subi quelques changemens depuis son premier établissement.

Suivant la loi de 1791, toute personne faisant le commerce sans patente était condamnée à l'amende du quadruple du droit, les marchandises par lui mises en vente ou fabriquées étaient confisquées, l'autorité municipale poursuivait la condamnation, et tout patenté avait le droit de requérir la saisie des marchandises du contrevenant. En 1791, chacun n'était taxé que sur sa déclaration, et il paraît que la saisie et l'amende n'avaient pour but que d'atteindre ceux qui auraient négligé de se soumettre à la patente. Depuis la loi du 1er brumaire an VII, qui fit la règle dans cette matière, ce fut l'autorité elle-même qui rechercha et qui taxa les patentables. La présomption est qu'elle n'oublie personne, et l'on a cru pouvoir supprimer les dispositions coercitives imaginées contre l'omission des déclarations.

On a conservé celle qui oblige quiconque expose des marchandises en vente, de justifier de sa patente à toute réquisition de l'autorité. A défaut de représentation, les marchandises sont saisies, ou plutôt séquestrées aux frais du vendeur, jusqu'à ce qu'il ait obtenu une patente.

La loi des patentes du 1er brumaire an VII contient les dispositions suivantes, toujours en vigueur :

« Tous ceux qui exercent le commerce, l'industrie, les métiers ou professions désignés dans le tarif annexé à la loi, sont tenus de se munir d'une patente et de payer les droits fixés pour la classe du tarif à laquelle ils appartiennent, suivant la population de leur commune, et sans égard à cette population pour le commerce, l'industrie et les métiers ou professions mis *hors de classe.*

« Les patentes sont prises pour l'année entière, sans qu'elles puissent être bornées à une partie de l'année.

« Ceux qui entreprennent dans le courant de l'année un commerce, un métier, une industrie ou profession sujets à la patente, ne doivent le droit qu'au *prorata* de l'année, calculée par trimestres, et sans qu'un trimestre puisse être divisé. Aucune patente n'est délivrée au prorata que sur le vu du certificat du maire ; ce certificat constate que le requérant n'a encore exercé aucun état sujet à la patente. »

L'impôt des patentes se compose de deux parties.

d'un *droit fixe* et d'un *droit proportionnel*. Le droit fixe est gradué en sept classes, suivant l'importance présumée des diverses professions qu'on y a rangées.

Dans les classes respectives le *droit fixe* est plus ou moins fort, suivant la population du lieu du domicile, et cette échelle comprend sept degrés dans chaque classe; quelques industries sont taxées sur d'autres règles, et dites *hors de classe*.

Le *droit proportionnel* est le dixième de la valeur locative, justifiée ou arbitrée, des maisons d'habitation, usines, ateliers, magasins, ou boutiques employés par le patenté, tant pour son industrie que pour son logement. Ceux de sixième et septième classe, dans les lieux où ils ne paient pas plus de trente francs de droit fixe, et ceux des autres classes hors de rang, qui ne paient pas plus de quarante francs, sont seuls exempts du droit proportionnel.

Les patentes sont personnelles; chaque associé d'une même maison doit avoir la sienne, mais s'ils résident dans la même commune, un seul paie le droit entier; il est réduit à moitié pour chacun des autres. Dans les filatures de coton, tous les associés entre eux ne paient qu'un droit fixe.

Les usines, ateliers, magasins employés par une société commerçante ou industrielle, ne paient le droit proportionnel qu'une fois, et sur la tête de l'un des associés. Il en est de même de la maison d'habitation, s'ils l'occupent en commun.

Le mari et la femme, quand même celle-ci ferait un commerce séparé, n'ont qu'une patente. Si l'industrie de tous deux n'est pas de la même classe, ils paient à raison de la plus haute; cependant, s'il y a séparation de biens, chaque époux doit avoir sa patente personnelle.

On n'est pas obligé de prendre plusieurs patentes, quel que soit le nombre de commerces ou d'industries que l'on exerce dans la même classe, ou dans les classes inférieures; il suffit de celle qu'on a prise dans la plus élevée des classes de l'espèce qu'on a choisie.

La patente sert pour tout le royaume ; aucune loi n'a défendu qu'un commerçant patenté dans un pays de faible population puisse momentanément faire des actes de commerce dans les villes où une population plus forte exige un droit plus élevé pour la même classe d'industrie. On a seulement statué sur le double établissement ou changement de domicile ; celui qui en a plusieurs doit le droit proportionnel sur les valeurs locatives dans chaque commune, et le droit fixe dans le lieu où ce droit est le plus élevé parmi ceux où il exploite ; s'il change de domicile ou de profession, et qu'il passe dans une classe plus élevée ou dans une commune de population plus forte, il doit le supplément au droit fixe relativement à ce changement.

La loi sur les finances du 15 mai 1818 porte que les fabricans qui occupent ou entretiennent plus de cinq métiers sont tenus de faire, devant le maire de la commune de leur domicile, la déclaration du nombre de métiers qu'ils occupent habituellement soit chez eux, soit hors de leur domicile ; et qu'une semblable déclaration doit être faite par les filateurs de coton relativement au nombre de broches par eux entretenues habituellement.

L'article 65 de la même loi astreint les marchands vendant en ambulance, et étalant dans les places publiques des marchandises autres que comestibles, à acquitter au moment de leur délivrance le montant de leur patente, et à exhiber cette patente à toute réquisition des officiers de police.

Quelque longue que soit l'énumération où nous allons entrer, nous n'avons pas cru devoir l'omettre, puisqu'elle intéresse spécialement l'exercice du commerce, et qu'on ne peut s'affranchir des obligations qu'elle impose.

Les professions d'être *hors de classe* sont :

Les banquiers; ils paient pour tout le royaume, sans égard à la population du lieu de leur domicile, 5oo francs.

Les négocians (1), les armateurs pour le long cours ou le grand cabotage, et les commissionnaires de marchandises en gros;

Les courtiers de marchandises ou de navires et les entreposeurs de roulage, tant par eau que par terre;

Les filateurs de coton ou laine, lorsqu'ils n'emploient pas plus de cinq cents broches;

Les marchands forains avec voiture, ils paient le droit fixe de 8o francs;

Les colporteurs avec chevaux ou autres bêtes de somme, ils paient 6o francs;

Les colporteurs avec balles, qu'ils aient domicile ou non, ils paient 2o francs;

Enfin les entrepreneurs de spectacles, pour qui le droit est égal au produit d'une représentation complète, établie d'après le nombre et le prix des places.

Telles sont les professions que la loi nomme *hors de classe.*

Quant aux sept classes entre lesquelles sont partagées les professions sujettes à patente, en voici le résumé, en nous bornant à celles qu'on peut regarder comme proprement commerciales.

Dans la première classe se trouvent les agens de

---

(1) Il y a eu plusieurs difficultés pour caractériser le titre de négociant sous le rapport de la classification des patentes, mais on paraît s'être accordé à regarder comme tel celui qui réunit plusieurs branches de commerce et de spéculations qui ne sont pas essentiellement liées l'une à l'autre, et qui spécule, achète et vend indifféremment au-dedans et au-dehors du lieu où il réside, à la différence du marchand qui ne s'occupe que d'un même commerce et des branches connexes, et qui ne s'étendent pas au-dehors.

change, et les courtiers autres que ceux qui ont été mis hors de classe; les agens d'affaires, les marchands de bois; les marchands *en gros* de draperie, mercerie, soierie, étoffes de coton, toilerie, linons, mousselines, gazes, dentelles; d'acier, fer et autres métaux; de cuirs et de peaux, jusqu'aux chiffonniers en gros.

Dans la seconde classe, les marchands *en détail* de draperies, soieries, étoffes en coton, mousselines, le tout s'ils en font leur principal commerce; les brasseurs.

Dans la troisième, les marchands *en détail* de mercerie, linons, gazes, dentelles, rubans de laine, fil et coton; de drogueries et teintures; de vins, liqueurs et vinaigres; les marchands de chevaux et de bétail; les propriétaires de bâtimens faisant le cabotage.

Dans la quatrième classe sont les marchands *en détail* de métaux, de quincaillerie, d'épiceries, de cuirs et peaux; les fabricans de couvertures de soie, coton ou laine; les libraires.

Dans la cinquième, les blatiers. Nous croyons devoir ne pas étendre plus loin cette nomenclature, ni descendre aux classe inférieures, dans lesquelles sont distribués les artisans et les moindres boutiquiers.

Le *droit fixe* de patente étant réglé sur la population des villes où est le domicile commercial du patenté, il est nécessaire de connaître le taux de la patente dans les classes relativement à la population; en voici le tarif:

Tarif des Patentes, eu égard à la population des villes.

CLASSES.	de 100,000 âmes et au-dessus.	de 50,000 à 100,000	de 30,000 à 50,000	de 20,000 à 30,000	de 10,000 à 20,000	de 5,000 à 10,000	au-dessous de 5,000
	fr.	fr.	fr.	fr.	fr.	fr.	fr.
1re	300	240	180	120	80	50	40
2^e	100	80	60	40	30	25	20
3^e	75	60	45	30	25	20	15
4^e	50	40	30	20	15	10	8
5^e	40	32	24	16	10	8	5
6^e	30	24	18	12	8	5	4
7^e	20	16	12	8	5	4	3

Conformément à la loi du 13 floréal an iv , sont exempts du droit de patente :

1°. Les fonctionnaires publics et employés salariés pour ce qui concerne seulement l'exercice de leurs fonctions ;

2°. Les laboureurs, cultivateurs, pour la vente des productions qu'ils récoltent ou du bétail qu'ils élèvent.

3°. Les sages-femmes, les maîtres de la poste aux chevaux, les pêcheurs, les blanchisseuses, les savetiers et tripiers.

4°. Ceux qui vendent en ambulance, dans les rues et dans les marchés, des fruits, des légumes, du beurre, des œufs, du fromage et autres menus comestibles. Tous ceux qui vendent d'autres objets même en ambulance, étalage ou échoppe, comme les brocanteurs, paient la moitié du droit de ceux qui vendent en boutique.

5°. Les commis, les ouvriers, les gens à gages

travaillant dans les ateliers ou magasins de ceux qui les emploient.

6°. Les peintres, graveurs, sculpteurs, considérés comme artistes, et ne faisant point commerce des produits de leur art.

7°. Les médecins, chirurgiens, ainsi que les pharmaciens employés près des hôpitaux.

8°. Les notaires assujettis à un cautionnement.

9°. Les concessionnaires de mines, leur exploitation n'étant point considérée comme un commerce.

Une disposition précise de la loi du 1er brumaire an VII porte : « que nul ne pourra former de demande ou défense en justice, ni faire aucun acte ou signification par acte extrajudiciaire, pour tout ce qui sera relatif à son commerce, sa profession ou son industrie, sans qu'il soit fait mention, dans l'acte, de la patente. »

CHAPITRE V.

DES DIVERSES SOCIÉTÉS COMMERÇANTES ET DE LEURS RÈGLES.

Le commerce, comme nous l'avons dit, peut se faire isolément ou en société. Ce second mode augmente les moyens du négociant, et est favorable à tous les genres d'industrie et de transactions commerciales.

La loi reconnaît trois espèces de ces sociétés : 1°. la société en nom collectif ; 2°. la société en commandite, et 3°. la société anonyme.

Le contrat qui lie les membres de ces sociétés se règle par le droit civil et le Code de Commerce, et par les conventions des contractans ; on peut ajouter que pour les sociétés anonymes il existe des formalités d'administration à remplir avant que les associés puissent se regarder comme autorisés dans leur gestion commerciale. Nous en parlerons plus bas.

Le Code de Commerce définit la *société collective* celle que contractent deux ou un plus grand nombre de personnes, et qui a pour objet de faire le commerce sous une *raison sociale*. Les associés indiqués dans l'acte sont solidaires pour tous les engagemens de la société, encore qu'un seul des associés ait signé, pourvu que ce soit sous la raison sociale. Cette condition distingue d'une manière essentielle cette société des deux autres, et impose une grande prudence avant de s'y engager.

La société *en commandite* se contracte entre un ou plusieurs associés responsables et solidaires, et un ou plusieurs associés bailleurs de fonds que l'on nomme *associés commanditaires*. Elle est régie sous un nom social qui doit être nécessairement celui d'un ou plusieurs des associés responsables et solidaires; mais le nom d'un associé commanditaire ne peut faire partie de la raison sociale de cette société.

Un associé commanditaire ne partage les pertes que pourrait faire la société que jusqu'à la concurrence des sommes qu'il y a mises. Une disposition précise du Code porte que l'associé commanditaire ne peut faire aucun acte de gestion ni d'employé pour les affaires de la société, et que, s'il contrevient à cette disposition, il devient obligé solidairement avec les associés en nom collectif pour toutes les dettes et engagemens de la société.

« Les sociétés en nom collectif ou en commandite doivent être constatées par des actes publics ou sous signatures privées, en se conformant, dans ce dernier cas, à l'article 1325 du Code Civil, qui veut que les traités d'association sous seing privé soient faits en autant d'*originaux* qu'il y aura de parties ayant un intérêt distinct; qu'il suffira d'un *original* pour toutes les personnes qui ont le même intérêt, et que chaque original doit contenir la mention du nombre des originaux qui auront été faits.

« Le capital des sociétés en commandite, comme celui des sociétés anonymes, peut être divisé en actions, sans aucune autre dérogation aux règles établies pour les sociétés en commandite. »

La *société anonyme* est ainsi appelée parce qu'elle n'est connue sous le nom d'aucun de ceux qui la composent, et n'est désignée que par celui de l'objet de son établissement. Elle est administrée par des mandataires à temps révocables, associés ou non associés, salariés ou gratuits. Ces administrateurs de la société anonyme ne sont responsables que de l'exécution du mandat dont ils sont chargés, et ne contractent, à raison de leur gestion, aucune obligation personnelle ou solidaire relativement aux engagemens de la société; les associés ne sont passibles que de la partie de leur mise ou intérêt dans la société.

Le capital de la société anonyme peut être établi par action sous la forme d'un titre au porteur; dans ce cas la transmission s'en fait par la transmission du titre; la propriété de l'action peut être établie aussi par l'inscription sur le registre de la société; dans ce cas, la transmission du titre s'opère par un transport sur les registres signés de celui qui fait ce même transport.

Il y a ainsi deux sortes d'actions des sociétés anonymes, celles au *porteur*, qui se transmettent par la tradition du titre, et celles dites *nominales*, dont la tradition s'opère par le transfert.

Les sociétés anonymes ne peuvent être formées que par des actes publics, à la différence des deux autres, qui peuvent l'être par des actes privés; mais les uns comme les autres doivent être remis par extrait au greffe du tribunal de commerce, pour y être transmis et affichés pendant trois mois dans la salle des audiences. Cette formalité est de rigueur, conformément à l'article 42 du Code de Commerce.

Les sociétés anonymes ne peuvent exister qu'avec l'autorisation du gouvernement ; cette autorisation est donnée dans les formes prescrites par les réglemens d'administration publique.

Lorsqu'on veut obtenir l'autorisation d'une société anonyme, les associés en rédigent l'acte par-devant un officier public (un notaire), et y joignent les statuts de leur association ; ces pièces sont adressées au ministre du commerce, qui, après avoir pris des renseignemens sur les sociétaires auprès du préfet de police à Paris, et des préfets dans les départemens, et lui avoir communiqué le projet d'acte et les statuts, fait un nouvel examen de leur demande, et ensuite un rapport au comité du commerce du Conseil d'État, et si la décision de ce comité est conforme à la demande, ce qui arrive toujours lorsque le ministre y a été favorable, le ministre rédige l'ordonnance du Roi qui autorise la société anonyme, et en approuve les statuts.

Par un article spécial de la décision ministérielle du mois de juillet 1817, aucune demande de société anonyme ne peut être adressée à l'autorité si les sociétaires ne justifient des moyens de former le fonds social, et qu'ils en aient préalablement réalisé au moins le quart. Sans cette condition essentielle, la demande doit être rejetée et renvoyée aux pétitionnaires.

Toute continuation de société, soit en nom collectif, en commandite ou anonyme, après son terme expiré, doit être constatée par une déclaration des associés. Cette déclaration, ainsi que tous les actes portant dissolution de société avant le terme fixé pour sa durée, tout changement ou retraite d'associés, toutes nouvelles spéculations ou clauses, tout changement dans la raison de la société, doit être communiquée au tribunal de commerce, affichée dans la salle de ses audiences après avoir été signée par les notaires qui ont rédigé l'acte d'association, ou par tous les sociétaires, si cet acte a été fait sous seing privé.

Pour les sociétés anonymes, tous changemens apportés aux statuts annexés à l'ordonnance qui établit la société, doivent être communiqués au ministre, approuvés par lui et autorisés par une nouvelle ordonnance du Roi, conformément à l'instruction ministérielle de juillet 1817 citée.

Indépendamment des trois espèces de société dont on vient de parler, le Code admet des *associations commerciales en participation*; elles ont lieu entre commerçans pour l'exploitation d'une branche de commerce ou le partage des bénéfices exclusivement, sans être lié par les autres opérations de celui avec qui l'on transige.

Les sociétés en participation ont lieu dans les formes avec les proportions et aux conditions convenues par les participans. Elles peuvent être constatées, en cas de discussion, par la représentation des livres de la correspondance ou par la preuve testimoniale, si le tribunal de commerce juge qu'elle peut être admise. Ces associations ne sont point d'ailleurs soumises aux formalités que l'on vient d'exposer pour les autres sociétés.

La société en participation se fait de plusieurs manières; quelquefois elle a lieu entre deux personnes seulement qui s'associent à une ou plusieurs opérations de commerce, sous le nom d'un des associés qui paraît seul, est seul obligé, sauf son recours contre ses associés, qui ne sont connus que de lui, et sans que les créanciers puissent les entreprendre pour raison de cette opération; ses pertes, quelles qu'elles soient, ne sont point partagées par l'associé en participation, ou que jusqu'à la quotité dont il avait été convenu.

Quelquefois elle a lieu entre marchands qui vont

en foire ou en pays étranger pour y vendre ou acheter une partie de marchandises, ou faire d'autres spéculations avec participation aux pertes et aux bénéfices, mais dans des proportions convenues.

Ces participations restent ignorées des vendeurs ou des acheteurs auxquels les associés ont affaire ; il n'y a que celui des associés qui a vendu, qui ait une action en paiement contre l'acheteur, *et vice versa* ; le vendeur n'a d'action que contre l'associé qui a acheté ; les autres participans restent toujours sous le rideau sans qu'il soit permis d'aller jusqu'à eux, car ce n'est pas sous la foi de cette association que les vendeurs et acheteurs ont contracté.

CHAPITRE VI.

DES CONTESTATIONS ENTRE ASSOCIÉS, ET DE LA MANIÈRE DE LES DÉCIDER. ARBITRES.

Tel est le titre de la seconde section du titre III du Code de Commerce. Rien n'était plus utile que de fixer des règles à cet égard, car les contestations entre associés dans une entreprise commerciale sont les plus fâcheuses et les plus communes ; circonstances qui les troublent et en font perdre trop souvent le fruit.

Il est rare que la science seule du négociant, dans la jurisprudence du commerce, suffise pour le guider dans les chicanes que la mauvaise foi peut lui faire subir ; aussi le législateur lui a-t-il offert un moyen d'abréger les contestations qu'elle peut faire naître ; c'est la voie des arbitres.

« Toute contestation entre associés, dit le Code, et pour raison de société, sera jugée par des arbitres. » Il y a lieu à appel du jugement arbitral ou un pourvoi en cassation, si dans l'acte contesté il n'a pas été expressément dérogé à cet appel ou pourvoi.

La nomination des arbitres se fait par un acte sous seing privé, par un acte notarié, par acte extrajudiciaire, ou enfin par un consentement donné en justice.

En cas de refus de l'un ou de plusieurs des associés de nommer des arbitres, ils le sont d'office par le tribunal de commerce.

S'il y a partage dans le jugement des arbitres, ils nomment un sur-arbitre, s'il n'est pas nommé par le compromis; si les arbitres ne sont pas d'accord sur le choix, le sur-arbitre est nommé par le tribunal de commerce.

Le jugement prononcé par les arbitres doit être motivé et déposé au tribunal de commerce. Ce jugement est rendu exécutoire sans aucune modification en vertu d'une ordonnance du président du tribunal, lequel est tenu de le rendre dans le délai de trois jours depuis le dépôt au greffe.

Toutes actions contre les associés qui n'ont point été liquidateurs dans la dissolution de la société, et contre leurs veuves ou héritiers, sont prescrites au bout de cinq ans, si l'acte de dissolution a été affiché et enregistré au tribunal de commerce conformément aux dispositions du Code pour la validité des actes de société, que nous avons rapportées plus haut.

CHAPITRE VII.

DES COMMISSIONNAIRES DE COMMERCE, ET DE LEUR PRIVILÉGE.

Les négocians, les marchands, emploient de nombreux agens dans leurs opérations; la loi a tracé les devoirs et les obligations auxquelles ils sont soumis dans l'exercice de leurs fonctions.

Ceux de ces agens dont s'occupe le Code sont les agens de change, les courtiers de diversses espèces, les commissionnaires et les voituriers.

Nous renvoyons à parler des agens de change et courtiers dans le *Manuel* que nous leur destinons particulièrement, ainsi qu'aux banquiers; nous nous bornons ici aux seuls commissionnaires et voituriers.

Le Code de Commerce définit le commissionnaire « celui qui agit en son propre nom ou sous un nom social pour le compte d'un commettant ». C'est un commerçant dont les opérations consistent dans l'achat, la vente et le transport des marchandises pour le compte d'un commettant, moyennant un droit de commission convenu.

Le commerçant en effet qui fait des spéculations ne peut guère les suivre lui-même; le commissionnaire, dans ce cas, lui épargne les frais de déplacement et de voyage en se chargeant des envois et du transport. Il offre aussi, au besoin, des facultés à l'expéditeur en lui faisant des avances ou des anticipations sur le produit de la vente des marchandises expédiées.

Le Code Civil a déterminé d'une manière générale les droits et les devoirs du commissionnaire, c'est-à-dire de celui qui se charge d'un mandat d'autrui pour l'exécuter : le lecteur peut y recourir pour connaître l'esprit de la législation sur ce point important; il n'est ici question que de l'espèce de commissionnaires employés dans le commerce.

Un commissionnaire qui a fait des avances sur des marchandises à lui expédiées d'une autre place pour être vendues pour le compte d'un commettant, a privilége pour le remboursement de ses avances, intérêts et frais, sur la valeur des marchandises, si elles sont à sa disposition, dans ses magasins ou dans un dépôt public; ou si, avant qu'elles soient arrivées, il peut constater par un connaissement ou lettre de voiture, l'expédition qui lui en a été faite.

Le privilége du commissionnaire n'a lieu, comme on le voit par cet article du Code de Commerce, que pour les marchandises à lui expédiées d'une autre place que celle de son domicile. Ainsi, par exemple, le commissionnaire demeurant à Orléans, et qui se charge de marchandises prises à Orléans, ne jouira pas de ce privilége. Pourquoi cela? Parce que le propriétaire de ces marchandises demeurant sur le lieu, pouvait lui-même faire son expédition sans le concours d'un commissionnaire. L'intervention de celui-ci n'est alors qu'un hors-d'œuvre qui ne mérite pas la faveur d'un privilége; les avances ne sont plus qu'un prêt sur gage déguisé, et qui doit être soumis aux formalités du nantissement.

En vertu de l'article 2001 du Code Civil, l'intérêt est dû au commissionnaire pour ses avances à dater du jour des avances constatées.

« Si les marchandises ont été livrées ou vendues pour le compte du commettant, le commissionnaire se rembourse sur le produit de la vente, du montant de ses avances, intérêts et frais, par préférence aux créanciers du commettant.

« Tout prêt, avances ou paiement qui pourraient être faits sur des marchandises déposées par un individu résidant dans le lieu du domicile du commissionnaire, ne donne privilége au commissionnaire ou dépositaire qu'autant qu'il s'est conformé aux dispositions prescrites par le Code Civil (*liv.* III, *tit.* 17) pour les prêts sur gage ou nantissement. »

Nous avons expliqué tout à l'heure la raison de cette disposition importante.

Le Code de Commerce fait deux espèces de commissionnaires : 1°. les commissionnaires pour l'exécution des ventes, la réception des marchandises, et en général les opérations de commerce dont un négociant peut charger son mandataire; 2°. les commissionnaires pour les transports soit par eau, soit par terre, auxquels il faut ajouter les voituriers, qui ont un titre particulier dans ce Code.

Le commissionnaire qui se charge d'un transport par terre ou par eau, est tenu d'inscrire sur son livre-journal la déclaration de la nature et de la quantité des marchandises, et, s'il en est requis, même de leur valeur.

Il est garant de l'arrivée des marchandises et effets dans le délai déterminé par la lettre de voiture, hors le cas de la force majeure légalement constatée, exception dont le Code n'a point déterminé le caractère, mais que le bon sens et l'usage peuvent suffisamment expliquer.

Le commissionnaire est encore garant des avaries et pertes de marchandises et effets, s'il n'y a stipulation contraire dans la lettre de voiture ou force majeure. Il l'est encore des faits du commissionnaire intermédiaire auquel il adresserait les marchandises.

Lorsque la marchandise est sortie du magasin du vendeur ou de l'expéditeur, elle voyage, à moins qu'il n'y ait convention contraire, aux risques et périls de celui à qui elle appartient, sauf son recours contre le commissionnaire et le voiturier chargés du transport.

Cette disposition du Code de Commerce a fait cesser une difficulté qui a long-temps partagé les opinions : les uns voulaient que le commissionnaire fût responsable des faits du voiturier, qui était de son choix ; les autres déchargeaient le commissionnaire de cette responsabilité, alléguant que son ministère finissait au moment où il avait remis les marchandises à son voiturier, et qu'à partir de cet instant les marchandises étant hors de ses mains, elles périssaient pour le propriétaire. L'article du Code, en consacrant cette dernière opinion, a fait cesser l'incertitude, et a réservé le recours du propriétaire de la marchandise contre le commissionnaire ou le voiturier, si toutefois la marchandise périssait par leur faute et non par force majeure.

La lettre de voiture est le titre en vertu duquel se règlent les devoirs et les droits de l'expéditeur, du commissionnaire et du voiturier; c'est un véritable contrat : le Code veut 1°. qu'elle soit datée; 2°. qu'elle exprime la nature, le poids ou la contenance des objets à transporter; 3°. le délai dans lequel le transport doit être effectué; 4°. le nom et le domicile du commissionnaire par l'entremise duquel le transport s'opère, s'il y en a un; 5°. le nom de celui à qui la marchandise est adressée; 6°. le nom et le domicile du voiturier; 7°. le prix de la voiture et l'indemnité due pour cause de retard; 8°. la lettre de voiture doit être signée par l'expéditeur ou le commissionnaire; 9°. elle doit présenter en marge les marques et numéros des objets à transporter; 10°. enfin la lettre de voiture est copiée par le commissionnaire sur un registre coté et paraphé sans intervalle, et de suite.

CHAPITRE VIII.

DES VOITURIERS.

Il est des obligations que le Code impose aux voituriers dans le transport des marchandises qui leur sont confiées, en même temps que la lettre de voiture leur est remise; les voici :

1°. Le voiturier est garant de la perte des objets à transporter, hors les cas de force majeure; il est également garant des avaries autres que celles qui proviendraient du vice de la marchandise ou de force majeure.

2°. La réception des objets transportés, et le paiement du prix de la voiture, éteignent toute action contre le voiturier.

3°. En cas de refus ou de contestations pour la réception des objets transportés, leur état est vérifié et constaté par des experts nommés par le président du tribunal de commerce, ou à son défaut par le juge de paix, et par ordonnance au pied d'une requête. Le dépôt ou séquestre dans un dépôt public peut en être fait, la vente ordonnée, en faveur du voiturier, jusqu'à concurrence du prix de la voiture.

4°. Les dispositions qu'on vient de lire sont communes aux maîtres de bateaux, entrepreneurs de diligences et voitures publiques.

« Toutes actions contre les commissionnaires et voituriers, à raison de la perte ou de l'avarie des marchandises, sont prescrites après six mois pour les expéditions faites dans l'intérieur de la France, et après un an pour celles faites à l'étranger ; le tout à compter, pour les cas de perte, du jour où le transport des marchandises aurait dû être effectué, et pour les cas d'avarie, du jour où la remise des marchandises aura été faite ; sans préjudice du cas de fraude et d'infidélité. » (Article 108 du *Code de Commerce.*)

CHAPITRE IX.

OBLIGATION IMPOSÉE AUX NÉGOCIANS D'AVOIR DES LIVRES.

On a pu voir, par tout ce qui précède, les nombreuses transactions auxquelles les commerçans, négocians et commissionnaires de commerce se livrent journellement dans l'exercice de leur profession. La loi a voulu qu'ils en tinssent une note exacte et journalière.

« Tout commerçant, dit l'art. 8 du Code de Commerce, est tenu d'avoir un *livre-journal* qui présente, jour par jour, ses dettes actives et passives, les opérations de son commerce, ses négociations, acceptations ou endossemens d'effets, et généralement tout ce qu'il reçoit et paie à quelque titre que ce soit, et qui énonce mois par mois les sommes employées à la dépense de sa maison : le tout indépendamment des autres livres usités dans le commerce, mais qui ne sont pas indispensables.

« Il est tenu de faire tous les ans, sous seing privé, un inventaire de ses effets mobiliers et immobiliers, et de ses dettes actives et passives, et de le copier année par année sur un registre spécial à ce destiné. »

Ces livres doivent être cotés, paraphés et visés, soit par un des juges des tribunaux de commerce, soit par le maire ou un adjoint, dans la forme ordinaire et sans frais. Les commerçans sont tenus de conserver ces livres pendant dix ans.

Les livres de commerce peuvent être admis par le juge pour faire preuve entre commerçans en fait de commerce.

La communication des livres de commerce ne peut être ordonnée, en justice, que dans les affaires de succession, communauté, partage de société, et en cas de faillite.

On sent tout l'intérêt qu'un honnête négociant doit avoir à se conformer en tout au Code de Commerce, dans la tenue des *livres* tels qu'ils lui sont prescrits, soit afin de donner au moins un commencement de preuve dans des discussions graves relatives aux faillites, soit, par leur bonne tenue, de déterminer la foi que le juge doit y donner. Le *livre-journal* est surtout celui qui a le plus d'importance dans ce cas.

Les obligations qui en résultent sont d'une si grande conséquence dans le commerce, qu'il emploie une classe d'hommes uniquement occupés de la *tenue des livres*, même de ceux qui ne sont pas du nombre des livres que prescrit le Code.

L'*art de tenir les livres* fait une partie des connaissances auxiliaires du commerce ; mais il est peu de négocians, dont les affaires aient quelque étendue, qui s'astreignent à cette occupation. Il est cependant désirable qu'ils en aient une certaine teinture. Nous renvoyons aux ouvrages particuliers qui en traitent ; il n'entre pas dans la nature et l'objet du nôtre de nous en occuper.

CHAPITRE X.

DES VENTES ET ACHATS.

La loi ne s'est pas bornée à prescrire les conditions imposées au négociant dans l'exercice journalier du commerce, elle s'est également occupée de tracer les règles de la vente et de l'achat des marchandises.

La vente des marchandises, d'après l'article 109 du Code de Commerce, se constate par acte public, par acte sous seing privé, par le bordereau ou arrêté d'un agent de change ou courtier, dûment signé par les parties ; par une facture acceptée, par la correspondance, par les *livres* des parties, par la preuve testimoniale, dans le cas où le tribunal de commerce croit devoir l'admettre.

La vente des marchandises *en bloc* est parfaite dès l'instant qu'elle est conclue, sans avoir besoin d'en constater le poids, le nombre, la mesure.

La vente des marchandises au poids, au compte, à la mesure, n'est point parfaite en ce sens que les choses vendues sont au risque du vendeur, jusqu'à ce qu'elles soient pesées, comptées ou mesurées ; mais l'acheteur peut en demander ou la délivrance, ou des dommages et intérêts, s'il y a lieu, en cas l'inexécution de l'engagement. (*Code Civil*, art. 1585 et 1586.)

A l'égard du vin, de l'huile et des autres choses que l'on est dans l'usage de goûter avant d'en faire l'achat, il n'y a pas de vente tant que l'acheteur ne les a pas goûtées et agréées. (*Idem*, art. 1587.)

La vente faite *à l'essai* est toujours présumée faite sous une condition suspensive. (*Idem*, art. 1588.)

Les frais de la délivrance sont à la charge du vendeur, et ceux de l'enlevage à la charge de l'acheteur, s'il n'y a stipulation contraire. (*Idem*, 1608.)

La délivrance doit se faire au lieu où était, au temps de la vente, la chose qui en fait l'objet, s'il n'en a été autrement convenu.

Si le vendeur manque à faire la délivrance dans le temps convenu, l'acheteur peut, à son choix, demander la résolution de la vente, ou la livraison, si le retard ne vient pas du fait du vendeur.

Dans tous les cas le vendeur doit être condamné aux dommages et intérêts s'il résulte un préjudice, pour l'acheteur, du défaut de délivrance au temps convenu.

Le vendeur n'est pas tenu de livrer la chose si l'acheteur n'en paie pas le prix, et que le vendeur ne lui ait pas accordé un délai pour le paiement.

Le vendeur n'est pas non plus obligé à la délivrance, quand même il aurait accordé un délai pour le paiement, si l'acheteur, depuis la vente, est tombé en faillite ou en état de déconfiture, en sorte que le vendeur se trouve en danger imminent de perdre le prix, à moins que l'acheteur ne lui donne caution de payer au terme.

Le vendeur est tenu de livrer le poids ou la mesure de la marchandise vendue; si la chose ne lui est pas possible, ou si l'acheteur ne l'exige pas, le vendeur est obligé de souffrir une diminution proportionnelle du prix. (*Code Civil*, art. 1609-1613.)

Outre ces dispositions particulières aux transactions ordinaires relatives aux ventes et achats, le *Code Pénal* en a tracé de rigoureuses dans l'intérêt de la sûreté du commerce, et que nous allons transcrire.

« Tous ceux qui, par des faits faux ou calomnieux semés à dessein dans le public, par des sur-offres faites aux prix que demandent les vendeurs eux-mêmes, par réunion ou coalition entre les principaux détenteurs d'une même marchandise ou denrée, tendant à ne la pas vendre ou à ne la vendre qu'à un certain prix; ou qui, par des voies ou moyens frauduleux quelconques, auront opéré la hausse ou la baisse du prix des denrées ou marchandises, ou des papiers et effets publics au-dessus ou au-dessous du prix qu'aurait déterminé la concurrence naturelle et libre du commerce, seront punis d'un emprisonnement d'un mois au moins, d'un an au plus, et d'une amende de cinq cents francs à dix mille francs.

« La peine sera d'un emprisonnement de deux mois au moins et de deux ans au plus, et d'une amende de mille francs à vingt mille francs, si ces manœuvres ont été pratiquées sur grains, grenailles, substances farineuses, vin ou toute autre boisson.

« Quiconque aura trompé l'acheteur sur le titre des matières d'or et d'argent, sur la qualité d'une pierre fausse vendue pour une pierre fine, sur la nature de toute marchandise; quiconque, par usage de faux poids ou de fausses mesures, aura trompé sur la quantité des choses vendues, sera puni de l'emprisonnement pendant trois mois au moins, d'un an au plus, et d'une amende qui ne pourra excéder le quart des restitutions et dommages-intérêts, ni être au-dessous de cinquante francs. Les objets du délit ou leur valeur, s'ils appartiennent encore au vendeur, seront confisqués; les faux poids et les fausses mesures seront aussi confisqués, et, de plus, seront brisés. Si le vendeur et l'acheteur se sont servi dans leurs marchés d'autres poids et d'autres mesures que ceux qui ont été établis par les lois de l'État, l'acheteur sera privé de toute action contre le vendeur qui l'aura trompé par l'emploi de poids et mesures prohibés, sans préjudice de l'action publique, tant pour la punition de cette fraude que de l'emploi même des poids et mesures prohibés. »

CHAPITRE XI.

DES VENTES PUBLIQUES.

Les ventes publiques sont quelquefois ordonnées par les tribunaux (1); les marchands peuvent aussi avoir intérêt à se servir des enchères pour le plus prompt écoulement des objets qu'ils ont à vendre. Plusieurs lois ont été portées sur le mode et la police des ventes publiques. La loi du 21 pluviose an VII, base de toutes celles qui ont été faites depuis, prescrit qu'aucune vente publique par enchère, de meubles, effets, marchandises, bois, fruits, récoltes, et tous autres effets mobiliers, ne puisse avoir lieu qu'en présence et par le ministère d'officiers publics ayant le droit d'y procéder; les officiers étaient les notaires, huissiers et greffiers; les courtiers de commerce y furent ensuite ajoutés. Mais une loi du 29 ventose an IX établit, pour la ville de Paris, des commissaires-priseurs vendeurs de meubles, auxquels fut attribué le droit exclusif d'estimer les objets mobiliers, et celui de faire les ventes publiques aux enchères des effets mobiliers. Ces ventes furent soumises à un droit d'enregistrement.

Nous ne nous arrêterons pas à exposer les contestations élevées entre les commissaires-priseurs et les courtiers de commerce pour savoir si ces derniers n'avaient pas seuls le droit de faire les ventes

____

(1) Code Civil, art. 459; Code de Commerce, articles 106 et 206.

publiques aux enchères, ou seulement en concurrence avec les commissaires-priseurs. Nous nous bornerons à remarquer que le Code de Commerce (art. 492) ayant autorisé les syndics des faillis à faire vendre, par la voie des enchères publiques et par le ministère des courtiers, les effets et marchandises du failli, les courtiers de commerce entrèrent en possession de ces fonctions en vertu de différentes lois que nous rapporterons dans la partie de cet ouvrage qui les concerne.

L'intérêt du commerce de détail fit limiter les ventes publiques à l'enchère de manière à n'être accessibles qu'au commerce en gros, et à écarter les consommateurs directs du nombre des acheteurs. Une vente publique de marchandises en détail reste donc confondue parmi les encans de meubles, sous la main des commissaires-priseurs, mais les marchands en détail n'en réclament encore pas moins contre ces ventes très peu fréquentes; d'ailleurs les droits, les frais d'enregistrement qu'entraînent ces ventes à l'encan sont tels qu'elles laissent aux ventes ordinaires un avantage de plus de dix pour cent. Aucune loi n'autorise à défendre les ventes publiques; les marchands eux-mêmes peuvent recourir à cette voie, si, contre toute apparence et dans une circonstance donnée, elle pouvait être avantageuse; le Code de Commerce met au rang des actes commerciaux réguliers, *les établissemens de ventes à l'encan.* (1)

L'utilité et la convenance des ventes publiques de marchandises ont été long-temps mises en question; et, hors le cas de faillite où elles sont autorisées par le tribunal de commerce, on voulait qu'elles fussent interdites pour le commerce ordinaire. Cette doctrine n'a point prévalu.

Un décret du 22 novembre 1811 étendit *à tous les cas* l'article du Code de Commerce portant que les

---

(1) Article 630.

tribunaux pourraient, sur requête, permettre de
semblables ventes; un autre décret du 17 avril 1812
prescrivit que la permission des ventes à l'encan ne
pourrait être demandée que préalablement on n'ait
justifié de la propriété du vendeur; et s'il n'était
que détenteur de la marchandise, ne prouvant ou
son droit à se rembourser d'avances faites, ou la
destination du produit, pour payer des acceptations
accordées par suite de l'envoi des effets, ou enfin en
rapportant le consentement exprès, nonobstant
toute allégation, le tribunal restant juge de ces
motifs.

On exigea que les ventes fussent faites à la bourse,
que les lots ne pussent être au-dessous de 1,000 fr.
dans les départemens, et de 3,000 fr. à Paris; mais
différens réglemens modifièrent ces dispositions, et
réduisirent à demi pour cent, sur les ventes publiques des courtiers, le droit d'enregistrement
maintenu à deux pour cent du produit de la vente
des commissaires-priseurs.

Une ordonnance du Roi, du 1er juillet 1818, autorisa des changemens à faire dans le tableau des
marchandises susceptibles d'être vendues aux enchères par les courtiers. Une autre ordonnance du
9 avril 1819 donna de plus amples facilités. La nécessité de vendre à la bourse gênait souvent les ventes
dans un grand nombre de villes, où il n'y a pas de
bourse. L'ordonnance permet aux tribunaux d'ordonner la vente à domicile, ou en tout lieu convenable, quand il y a des causes suffisantes, et en pour-
voyant à ce que la publicité n'y perde rien.

Il existe dans certains ports une sorte de vente
publique journalière des produits de la pêche. On
n'adjuge point les lots, mais on fixe le cours du jour
par une espèce de licitation balancée entre la première
demande de prix et la première offre. Le prix fixé,
chacun des vendeurs fait inscrire la quantité qu'il
souhaite, et celle qui existe leur est répartie en

proportion. Les courtiers n'ayant pas réclamé le privilége de ces ventes, les commissaires-priseurs voulurent s'en emparer, mais le gouvernement s'y opposa, et l'ancien usage fut maintenu.

CHAPITRE XII.

DES LETTRES DE CHANGE, BILLETS A ORDRE, ET DE LA PRESCRIPTION.

Nous avons fait connaître en quoi consistent l'état et les devoirs de la profession du négociant, les dispositions législatives concernant les sociétés, les commissionnaires de commerce, les ventes soit privées, soit publiques; nous allons maintenant, en suivant la marche du Code, parler des *effets* dont les négocians se servent le plus ordinairement dans leurs transactions, c'est-à-dire les lettres de change et les billets à ordre; c'est une des plus importantes parties de la science du commerce. (1)

1°. *De la forme de la lettre de change.* La lettre de change tient le premier rang parmi les papiers ou effets de commerce et de crédit; c'est un contrat très heureusement imaginé; il offre quatre caractères qui le distinguent des contrats en matière civile, et qui sont, 1°. la brièveté de sa rédaction qui n'admet aucune locution inutile; 2°. la précision de ses dispositions qui ont chacune son effet; 3°. la rapidité de sa circulation; 4°. enfin l'énergie de son exécution. Ce contrat, composé de trois ou quatre lignes, renferme en lui-même plusieurs autres espèces de contrats; on y entrevoit le contrat de vente,

---

(1) On peut voir dans le *Manuel du Banquier* ce que nous disons des *lettres de crédit,* qui ne sont pas à proprement parler des *effets de commerce.*

d'échange, de prêt et de mandat ; mais son principal caractère est celui de l'échange ; il est l'essence de la lettre de change, et doit servir de guide dans toutes les contestations qui peuvent survenir dans cette matière.

Les conditions que doit offrir une lettre de change, d'après le Code, sont 1°. d'être tirée d'un lieu sur un autre ; 2°. d'être datée ; 3°. d'énoncer la somme à payer ; 4°. le nom de celui qui doit payer ; 5°. l'époque et le lieu où le paiement doit s'effectuer ; 6°. la valeur fournie en espèces ou en marchandises, ou de toute autre manière ; 7°. si elle est à l'ordre d'un tiers ou à l'ordre du tireur lui-même ; 8°. si elle est par première, seconde, troisième, etc., elle doit l'exprimer.

Une lettre de change, porte toujours le Code, peut être tirée sur un individu et payable au domicile d'un tiers ; elle peut être tirée par ordre et pour le compte d'un tiers.

L'article 112 réduit au rang de *simples promesses* toutes lettres de change contenant supposition soit de nom, soit de qualité, soit de domicile, soit des lieux d'où elles sont tirées ou dans lesquels elles sont payables.

Chacune de ces suppositions, dans la lettre de change, lui ôte, aux yeux de la loi, son caractère commercial pour être réduite à celui d'une simple promesse et d'une obligation civile. Il arrive cependant quelquefois que les négocians emploient abusivement la supposition de lieu, afin de se conformer à la pratique du commerce et à la condition prescrite de *tirer d'un lieu à un autre*.

« La signature de femmes ou filles non négociantes ou marchandes publiques, au bas d'une lettre de change ne vaut, à leur égard, que comme simple promesse. »

Après avoir statué sur le caractère de la lettre de change, le Code prescrit les règles qui doivent être suivies à l'égard de *la provision*, de *l'acceptation*, de *l'échéance*, de *l'endossement*, de *la solidarité*, du *paiement*, des *droits et devoirs du porteur*, des *protêts*, du *rechange*, de la *prescription*. Nous donnerons une idée de ces diverses formalités.

2°. *De la provision de la lettre de change.* On appelle *provision* les fonds que le tireur a laissés entre les mains de celui sur qui une lettre de change est tirée ; car il ne faut pas perdre de vue que le dépôt présumé est nécessaire pour constituer la lettre de change, qui n'est elle-même qu'un moyen d'échange entre l'argent reçu par le tireur et celui qu'il a laissé en dépôt.

« La provision, dit le Code de Commerce, doit être faite par le tireur ou par celui pour le compte de qui la lettre de change est tirée, sans que le tireur pour compte d'autrui cesse d'être personnellement responsable envers les endosseurs et porteurs seulement. »

Il y a provision, si, à l'échéance de la lettre de change, celui sur qui elle est fournie est redevable au tireur ou à celui pour le compte de qui elle est tirée, d'une somme au moins égale au montant de la lettre de change.

Dans ce cas le *tiré* est tenu d'accepter la lettre de change, et le tireur ne subira pas le reproche d'avoir supposé un dépôt qui n'existait pas ; et si le cas arrivait où le tireur fût obligé de prouver la provision, il aurait rempli cet objet en établissant que le tiré lui était redevable du montant de la lettre de change.

« L'acceptation suppose la provision ; elle en établit la preuve à l'égard des endosseurs. »

Soit qu'il y ait ou non acceptation, le tireur seul est tenu de prouver, en cas de dénégation, que ceux sur qui la lettre de change était tirée avaient provision à l'échéance, sinon il est tenu de la garantie, quoique le protêt eût été fait après le délai fixé.

L'acceptation n'établit la preuve de la provision, à l'égard des endosseurs, que contre l'accepteur seulement qui est présumé avoir provision, et sans qu'il puisse opposer aux endosseurs le défaut de provision. Mais du tireur à l'accepteur, c'est autre chose ; l'acceptation ne fait pas preuve de la provision, parce qu'il est possible qu'il ait accepté dans l'espérance d'une provision qui ne lui aura pas été fournie ; c'est l'affaire d'un compte.

3°. *Acceptation de la lettre de change.* Le tireur et les endosseurs d'une lettre de change, dit le Code, sont garans solidaires de l'acceptation et du paiement à l'échéance.

« Le refus d'acceptation est constaté par un acte que l'on nomme *protêt faute d'acceptation.* »

Ce protêt donne au porteur le droit de revenir sur le tireur, non pour lui faire rendre le montant de la dette, parce qu'il ne peut l'obliger à faire cette restitution que lorsque la lettre aura été protestée faute de paiement, mais seulement pour donner caution, ainsi que le porte l'article qui suit.

« Sur la notification du protêt faute d'acceptation, les endosseurs et le tireur sont respectivement tenus de donner caution pour assurer le paiement de la lettre de change à son échéance, et d'en effectuer le remboursement avec les frais du protêt et du rechange (1). La caution soit du tireur, soit de l'endosseur, n'est solidaire qu'avec celui qu'elle a cautionné. »

Celui qui accepte une lettre de change contracte l'obligation d'en payer le montant. L'accepteur n'est pas restituable contre son acceptation, quand même le tireur aurait failli, à son insu, avant qu'il eût accepté.

« L'acceptation d'une lettre de change doit être signée ; elle est exprimée par le mot *accepté* ; elle est datée si la lettre est à un ou plusieurs jours ou mois de vue ; et, dans ce dernier cas, le défaut de date

---

(1) L'expression de *rechange* sera expliquée plus bas.

de l'acceptation rend la lettre exigible au terme y exprimé à compter de sa date.

« L'acceptation ne peut être conditionnelle, mais elle peut être restreinte quant à la somme acceptée, et dans ce cas le porteur est tenu de faire protester la lettre de change pour le surplus.

« Une lettre de change doit être acceptée à sa présentation, ou tout au plus tard dans les vingt-quatre heures de la présentation. Après les vingt-quatre heures, si elle n'est pas rendue, acceptée ou non acceptée, celui qui l'a retenue est passible de dommages-intérêts envers le porteur. »

Il y a une acceptation que le Code nomme d'*intervention*, et qui a été empruntée de l'ordonnance de 1673. L'article qui la concerne est ainsi conçu : « Lors du protêt faute d'acceptation, la lettre de change peut être acceptée par un tiers intervenant pour le tireur ou pour l'un des endosseurs. L'intervention est mentionnée dans l'acte du protêt, elle est signée par l'intervenant.

« L'intervenant doit notifier sans délai son intervention à celui pour qui il est intervenu.

« Le porteur de la lettre de change conserve tous ses droits contre le tireur et les endosseurs, à raison du défaut d'acceptation par celui sur qui la lettre était tirée, nonobstant toute acceptation par intervention. »

4°. *Échéance de la lettre de change.* Voici comme s'exprime le Code sur cette importante partie de la pratique du commerce.

« Une lettre de change peut être tirée à vue à un ou plusieurs jours, à un ou plusieurs mois, à une ou plusieurs usances.

« Elle peut être tirée à un ou plusieurs jours de date, à un ou plusieurs mois, à une ou plusieurs usances, à jour fixe ou à jour déterminé, enfin en foire.

« La lettre de change à vue est payable à sa présentation.

« L'échéance d'une lettre de change à un ou plusieurs jours de vue, à un ou plusieurs mois, à une ou plusieurs usances, est fixée par la date de l'acceptation ou par celle du protêt faute d'acceptation.

« L'usance est de trente jours, qui courent du lendemain de la date de la lettre de change. Les mois sont tels qu'ils sont fixés par le calendrier grégorien. »

Le terme d'usance, dont se sert ici le Code de Commerce, est dérivé de celui *d'usage*, et signifie le délai qu'il est d'usage, dans un pays, d'accorder pour le paiement des lettres de change.

L'usance fixée par le Code est la même que celle de l'ordonnance de 1673.

Mais il arrive quelquefois que l'usance de trente jours fixée par le Code, se trouve en contradiction avec les usages du pays sur qui sont tirées les lettres de change, et c'est une remarque qu'il est important de faire dans la pratique du commerce.

Par exemple, à Gênes, l'usance des lettres de change de Milan, Florence, Livourne et Lucques, est de huit jours de vue; de Venise, de Rome et Bologne, quinze jours de vue; de Naples, vingt-deux jours de vue; d'Anvers, d'Amsterdam et autres places de la Belgique, trois mois de date

L'usance se règle suivant l'usage du lieu où la lettre de change est payable, et non suivant l'usage de l'endroit d'où la lettre de change est tirée.

La connaissance des usances et des différens usages suivis dans les places de commerce, est une de celles qui forment la science du banquier; nous en parlerons plus au long lorsqu'il sera question d'eux.

Une lettre de change *payable en foire* est échue la veille du jour fixé pour la clôture de la foire, ou le soir de la foire si elle ne dure qu'un jour. Si l'échéance est à un jour férié légal, elle est payable la veille.

Par l'article 135 du Code, tous les délais de grâce, de faveur, d'usage ou d'habitude locale, pour le paiement des lettres de change, sont abolis.

5°. *Endossement de la lettre de change.* « La propriété d'une lettre de change, dit le Code, se transmet par la voie de l'endossement ».

Endos, endossement, ordre passé, sont synonymes dans le commerce. Tout cela se réduit à la substitution d'un nom à un autre ; substitution qui n'a pas de bornes, et qui peut se prolonger sur une série considérable de noms à la suite les uns des autres.

Chaque endossement forme un contrat particulier entre celui qui le donne et celui qui le reçoit ; il doit être assujetti aux mêmes formalités que la lettre de change.

Il y a plusieurs observations intéressantes à faire sur le mode et les effets de l'endossement, qui est la particularité la plus intéressante de la lettre de change.

L'endossement par lequel le titulaire de la lettre de change transmet ses droits à un tiers, est un vrai contrat de change, absolument semblable à celui qui a eu lieu entre le premier tireur et le titulaire ; il produit la même obligation et les mêmes effets.

Chaque endosseur subroge celui qui lui succède à ses droits contre le tireur et l'accepteur, et contre les endosseurs qui l'ont précédé ; ainsi, un endossement de deux ou trois lignes comprend quelquefois quatre ou cinq espèces de contrat, mandat, dépôt, transport, cession, délégation, etc.; et celui qui reçoit l'endossement acquiert au même instant un nombre considérable de débiteurs solidaires envers lui, qu'il n'a jamais vus ni connus.

Une autre particularité, c'est qu'une cession aussi

importante n'exige pas de signification de transport, à la différence de ce qui se pratique en matière civile, où le transport tire toute sa force de la signification, et ne saisit le cessionnaire qu'après cette formalité. Ici, au contraire, le cessionnaire devient créancier à l'insu des débiteurs, et sans avoir besoin de se faire connaître qu'au moment où il exerce son recours contre eux.

« L'endossement doit être daté; il exprime la valeur fournie; il énonce le nom de celui à l'ordre de qui il est passé. Si l'endossement n'est pas conforme à ces dispositions, il n'opère pas le transport, il n'est qu'une procuration. » Il est défendu d'antidater les ordres, à peine de faux.

6°. *Solidarité du paiement de la lettre de change.* « Tous ceux qui ont signé, accepté ou endossé une lettre de change, sont tenus à la garantie solidaire envers le porteur. » (Art. 140 du Code.)

7°. *De l'aval.* L'article suivant du même Code porte : « Le paiement d'une lettre de change, indépendamment de l'acceptation et de l'endossement, peut être garanti par un *aval* (1). — Cette garantie est fournie par un tiers sur la lettre même, ou par un acte séparé. Le donneur d'aval est tenu solidairement et par les mêmes voies que les tireurs et endosseurs, sauf les conventions différentes des parties. »

8°. *Paiement de la lettre de change.* Le paiement de la lettre de change est le point essentiel et le droit de celui qui la reçoit.

« Elle doit être payée dans la monnaie qu'elle indique. Celui qui la paie avant son échéance est responsable de la validité du paiement. »

La loi a supposé que l'empressement d'un débiteur à solder la lettre *avant son échéance*, pouvait être le résultat, quelquefois, d'une collusion ou accord

---

(1) Ce mot est l'abréviation de l'expression *à valoir.*

entre lui et le porteur, au préjudice des créanciers de celui-ci

« Le porteur d'une lettre de change ne peut être contraint d'en recevoir le paiement avant l'échéance. »

« Le paiement d'une lettre de change fait sur une *seconde*, *troisième*, *quatrième*, etc., est valable, lorsque la seconde, troisième, quatrième, etc., porte que ce paiement annulle l'effet des autres. »

Il est d'usage, lorsqu'on tire sur l'étranger, ou à de longues distances, de multiplier les copies de la lettre de change, pour obvier au cas où la lettre viendrait à se perdre. Ces lettres, par cela même qu'elles ne sont que des copies l'une de l'autre, n'en représentent à elles toutes qu'une seule, mais il faut que chacune d'elles soit *cotée* première, deuxième, troisième, et ainsi de suite.

Si on omettait de déclarer que le paiement de la lettre annulera les autres, chaque lettre produirait son effet particulier.

« Celui qui paie une lettre de change sur une seconde, troisième, etc., sans retirer celle sur laquelle est son acceptation, n'opère point sa libération à l'égard du tiers porteur de son acceptation.

« Il n'est admis d'opposition au paiement d'une lettre de change qu'en cas de perte de la lettre, ou de la faillite du porteur. »

9°. *Perte de la lettre de change.* « En cas de perte d'une lettre de change *non acceptée*, celui à qui elle appartient peut en poursuivre le paiement sur une seconde, troisième, quatrième, etc. »

Pour entendre cet article, il faut supposer le cas où le porteur d'une lettre de change *non acceptée* et cotée première, l'ayant perdue, la remplacerait par une autre lettre aussi *non acceptée*, et qui serait cotée seconde.

L'article déclare que le tiré est passible d'un protêt faute d'acceptation pour la seconde lettre, sans pouvoir **exciper** du défaut de représentation de la première; car n'ayant pas accepté la première, que risque-t-il à accepter la seconde? le recouvrement de la lettre perdue ne l'expose à aucun danger, et en cas de protêt faute d'acceptation, il sera à l'abri de tout reproche en représentant l'autre lettre *quittancée*.

« Si la lettre de change perdue est revêtue de l'acceptation, le paiement ne peut en être exigé sur une seconde, troisième, quatrième, etc., que par ordonnance du juge et en donnant caution. »

Ici le cas diffère de celui de l'article précédent; le tiré ayant revêtu de son acceptation la lettre perdue, ne doit pas prendre en échange une lettre par duplicata non acceptée; la substitution de l'une à l'autre n'est plus dans la proportion de l'égalité; car il peut arriver qu'après avoir payé le duplicata, on fasse reparaître la lettre acceptée, ce qui forcerait le tiré à payer deux fois.

Dans ce cas il est juste de ne contraindre le tiré à payer qu'en vertu d'une ordonnance du juge, et en recevant caution.

« Si celui qui a perdu la lettre de change, qu'elle soit acceptée ou non, ne peut représenter la seconde, la troisième, etc., il peut demander le paiement de la lettre de change perdue, et l'obtenir par l'ordonnance du juge, en justifiant de sa propriété par ses livres, et en donnant caution.

« En cas de refus sur la demande formée en vertu des deux articles précédens, le propriétaire de la lettre de change perdue conserve tous ses droits par un acte de protestation.

« Cet acte doit être fait le lendemain de l'échéance de la lettre de change perdue, dans les formes et délais prescrits pour la notification du protêt.

« Le propriétaire de la lettre de change doit, pour s'en procurer la seconde, s'adresser à son endosseur immédiat, qui est tenu de lui prêter son nom et ses soins pour agir envers son premier endosseur, et ainsi en remontant d'endosseur en endosseur, jusqu'au tireur de la lettre, et le propriétaire de la lettre égarée supporte les frais.

« Les paiemens faits à compte sur le montant d'une lettre de change sont à la décharge des tireurs et endosseurs. Le porteur est tenu de faire protester la lettre de change pour le surplus.

« Les juges ne peuvent accorder aucun délai pour le paiement d'une lettre de change. »

10°. *Paiement par intervention de la lettre de change.* « Une lettre de change protestée peut être payée par tout intervenant pour le tireur ou l'un des endosseurs. L'intervention et le paiement doivent être constatés dans l'acte du protêt ou à la suite de l'acte.

« Celui qui paie une lettre de change par intervention est subrogé aux droits du porteur, et tenu des mêmes devoirs pour les formalités à remplir. »

11°. *Droits et devoirs du porteur. Protêt.* « Le porteur d'une lettre de change doit en exiger le paiement le jour de l'échéance, » art. 161 du Code. « Le refus du paiement doit être constaté le lendemain du jour de l'échéance, par un acte que l'on nomme *protêt faute de paiement.* Si ce jour est un jour férié légal, le protêt est fait le jour suivant. — Le porteur n'est dispensé du protêt faute de paiement, ni par le *protêt faute d'acceptation*, ni par la mort ou faillite de celui sur qui la lettre de change est tirée. Dans le cas de faillite de l'accepteur avant l'échéance, le porteur *peut* faire protester et exercer son recours. »

Le mot *peut* que la loi emploie ici au lieu du mot *doit*, montre que ce n'est qu'une simple faculté ou pouvoir accordé au porteur, et dont il est libre de ne pas user sans se compromettre. Si, au lieu de faire protester à l'époque de la faillite ou du décès, il préfère d'attendre l'échéance, il ne perd son recours ni contre le tireur ni contre les endosseurs.

« Le porteur d'une lettre de change protestée faute de paiement, peut exercer son action en garantie, ou individuellement contre le tireur et chacun des endosseurs, ou collectivement contre les endosseurs et le tireur. La même faculté existe pour chacun des endosseurs, à l'égard du tireur et des endosseurs qui le précèdent.

« Si le porteur exerce le recours individuellement contre son cédant, il doit lui faire notifier le protêt, et, à défaut de remboursement, le faire citer en jugement dans les quinze jours qui suivent la date du protêt, si celui-ci réside dans la distance de cinq myriamètres. Ce délai, à l'égard du cédant domicilié à plus de cinq myriamètres de l'endroit où la lettre de change était payable, sera augmenté d'un jour par deux myriamètres et demi, excédant les cinq myriamètres.

« Les lettres de change tirées de France et payables hors du territoire continental de la France, en Europe, étant protestées, les tireurs et endosseurs résidant en France seront poursuivis dans les délais ci-après :

« De deux mois pour celles qui étaient payables en Corse, dans l'île d'Elbe ou de Capraja, en Angleterre ou dans les États limitrophes de la France ; de quatre mois pour celles qui étaient payables dans les autres États de l'Europe ; de six mois pour celles qui étaient payables aux Échelles du Levant, et sur les côtes septentrionales de l'Afrique ; d'un an pour celles qui étaient payables aux côtes occidentales de l'Afrique, jusques et compris le cap de Bonne-Espérance, et dans les Indes occidentales ; de deux ans pour celles qui étaient payables dans les Indes orientales.

« Ces délais doivent être observés dans les mêmes proportions pour le recours à exercer contre les tireurs et endosseurs résidant dans les possessions françaises situées hors de l'Europe. Les délais ci-dessus de six mois, d'un an et de deux ans, seront doublés en temps de guerre maritime. »

Outre les délais ci-dessus, pour exercer son recours dans le cas où la lettre de change n'est point payée au porteur, le Code a prescrit aussi des délais, dans lesquelles il faut présenter la lettre, proportionnés également à la distance des lieux ou résident le tireur ou les endosseurs.

L'article 160 porte : « Le porteur d'une lettre de change tirée du continent et des îles de l'Europe, et payable dans les possessions européennes de la France, soit à vue, soit à un ou plusieurs jours ou mois ou usances de vue, doit en exiger le paiement ou l'acceptation dans les six mois de sa date, sous peine de perdre son recours sur les endosseurs et même sur le tireur, si celui-ci a fait provision.

« Le délai est de huit mois pour la lettre de change tirée des Échelles du Levant et des côtes septentrionales de l'Afrique, sur les possessions européennes de la France ; et réciproquement, du continent et des îles de l'Europe sur les établissemens français aux Echelles du Levant et aux côtes septentrionales de l'Afrique. Le délai est d'un an pour les lettres de change tirées des côtes occidentales de l'Afrique, jusques et compris le cap de Bonne-Espérance. Il est aussi d'un an pour les lettres de change tirées du continent et des îles des Indes occidentales sur les possessions européennes de la France ; et réciproquement, du continent et des îles de l'Europe sur les possessions françaises ou établissemens français aux côtes occidentales de l'Afrique, au continent et aux îles des Indes occidentales.

« Le délai est de deux ans pour les lettres de change tirées du continent et des îles des Indes orientales sur les possessions européennes de la France; et réciproquement, du continent et des îles de l'Europe sur les possessions françaises ou établissemens français au continent et aux îles des Indes orientales

Les délais ci-dessus de huit mois, d'un an et de deux ans, sont doublés en temps de guerre maritime.

« Après l'expiration des délais pour la présentation de la lettre de change à vue, ou à un ou plusieurs jours ou mois ou usances de vue, pour le protêt faute de paiement, pour l'exercice de l'action en garantie, le porteur d'une lettre de change est déchu de tous droits contre les endosseurs. Dans ce cas il ne reste plus de recours au porteur que contre le tireur.

« Les protêts faute d'acceptation ou de paiement sont faits par deux notaires, dit le Code, ou par un notaire et deux témoins, ou par un huissier et deux témoins. »

Quoique le Code nomme ici les notaires, jamais ils n'ont fait entrer cette matière dans leur ministère; la disposition qui les concerne se trouvait dans l'ordonnance de 1673, mais elle était tombée en désuétude. Le protêt se fait par huissier.

« Il doit être fait au domicile de celui sur qui la lettre de change était payable, ou à son dernier domicile connu;

« Au domicile des personnes indiquées par la lettre de change, pour la payer au besoin;

« Au domicile du tiers qui a accepté par intervention; le tout par un seul et même acte;

« En cas de fausse indication du domicile, le protêt est précédé d'un acte de perquisition. »

Les officiers publics, les huissiers dont on se sert en pareil cas, connaissent la forme que l'on doit donner à un protêt; elle est tracée d'ailleurs par l'article 174 du Code de Commerce : nul acte de la part du porteur ne peut suppléer l'acte du protêt, hors le cas de la perte de la lettre de change, qui ne permet pas de la transcrire dans le protêt comme le veut le Code.

« Les notaires, les huissiers sont tenus, à peine de destitution, dépens, dommages et intérêts envers les parties, de laisser copie exacte des protêts, et de les inscrire en entier, jour par jour et par ordre de dates, dans un registre particulier coté et paraphé, et tenu dans les formes prescrites pour les répertoires.»

12°. *Rechange*. Le rechange est le résultat d'une opération qui peut venir à la suite d'un protêt. Le porteur de la lettre protestée prend d'un banquier du lieu où la lettre était payable, une somme d'argent égale au montant de la lettre protestée, et donne à ce banquier, en échange de l'argent qu'il en reçoit, une lettre de change à vue sur celui-là même qui a tiré la lettre de change non acquittée. Cette remise de fonds par le banquier n'est pas faite gratuitement : elle donne lieu à un droit dit de *rechange* qui doit être remboursé par celui qui a fourni la lettre de change protestée.

«Le rechange, dit le Code, s'effectue par une retraite. La retraite est une nouvelle lettre de change au moyen de laquelle le porteur se rembourse sur le tireur ou sur l'un des endosseurs du principal de la lettre protestée, de ses frais et du nouveau rechange qu'il paie. Le rechange se règle, à l'égard du tireur, par le cours du change du lieu où la lettre était payable sur le lieu d'où elle est tirée. Il se règle, à l'égard des endosseurs, par le cours du change du lieu où la lettre de change a été remise ou négociée par eux, sur le lieu où le remboursement s'effectue.»

La retraite doit être accompagnée d'un compte de retour qui comprend le principal de la lettre protestée, les frais du protêt et autres légitimes ; dans le cas où la retraite est faite sur l'un des endosseurs, elle est accompagnée en outre d'un certificat qui constate le cours du change du lieu où la lettre était payable sur le lieu d'où elle a été tirée. Il n'est point dû de rechange si le compte de retour n'est pas accompagné des certificats d'agens de change, ou de commerçans dans les lieux où il n'y a pas d'agens de change.

13°. *Billets à ordre*. A côté, et pour ainsi dire parallélement à la lettre de change, marche et circule une autre espèce d'effet de commerce dont l'usage s'est singulièrement étendu depuis l'époque de l'ordonnance du commerce de 1673, qui en établit la légitimité ; c'est le billet à ordre.

Le principal caractère qui le distingue de la lettre de change est que celle-ci ne peut être tirée que d'un lieu sur un autre, lorsque le billet à ordre est le plus souvent payable dans le lieu même où il a été souscrit, de sorte qu'il n'y a pas, comme pour la lettre de change, remise de place en place ; caractère de différence qui cependant s'efface en quelque sorte dans certaines circonstances, c'est-à-dire lorsque le billet à ordre est payable à un domicile étranger au lieu de la résidence de celui qui a fait le billet.

Au reste le billet à ordre circule dans le commerce comme la lettre de change, au moyen de l'endossement. Cet endossement en transfère également la propriété sans signification de transport. Les signataires sont solidaires les uns des autres comme les signataires de la lettre de change ; le porteur est tenu des mêmes devoirs et obligations, et sous les mêmes peines ; il a aussi les mêmes droits, faute de paiement, de prendre de l'argent sur la place à rechange, et d'exercer, d'endosseur à endosseur, retraite sur les lieux où le billet a été négocié. C'est ce qu'énonce l'article 187 du Code de Commerce.

L'article 188 porte que « le billet à ordre doit être daté ; il doit énoncer la somme à payer, le nom de celui à l'ordre duquel il est souscrit, l'époque à laquelle le paiement doit s'effectuer, la valeur qui a été fournie en espèces, en marchandises, en compte ou de toute autre manière. »

14°. *Des Prescriptions*. Un terme a été fixé par la loi au-delà duquel cessent tous les droits des porteurs d'effets de commerce contre ceux qui les ont souscrits ou endossés.

L'article 189 du Code de Commerce fixe ce terme à cinq ans.

« Toutes actions relatives aux lettres de change et à ceux des billets à ordre souscrits par des négocians, marchands ou banquiers, ou pour faits de commerce, se prescrivent par cinq ans à compter du jour du protêt ou de la dernière poursuite juridique, s'il n'y a eu condamnation, ou si la dette n'a été reconnue par acte séparé.

« Néanmoins les prétendus débiteurs seront tenus, s'ils en sont requis, d'affirmer sous serment qu'ils ne sont plus redevables; et leurs veuves, héritiers ou ayans-cause, qu'ils estiment de bonne foi qu'il n'est plus rien dû. »

CHAPITRE XIII.

DES FAILLITES.

Il est rare que le négociant qui a eu le malheur ou l'improbité de faillir soit lui-même acteur dans les démarches judiciaires ou de conservation qu'entraîne un pareil événement; il faut pourtant qu'il en ait une connaissance qui le mette à même de juger de certaines précautions qui lui sont imposées par la loi.

Le Code déclare en état de *faillite* tout commerçant qui cesse ses paiemens. Tout commerçant failli qui se trouve dans l'un des cas de *faute grave* ou de *fraude* prévus par la loi, est en état de *banqueroute*. Il y a deux espèces de banqueroute; la banqueroute simple, qui est jugée par les tribunaux correctionnels, et la banqueroute frauduleuse, qui est jugée par les cours de justice criminelle.

Tout failli est tenu, dans les trois jours de la cessation de paiement, d'en faire la déclaration au greffe du tribunal de commerce ; le jour où il aura cessé ses paiemens est compris dans ces trois jours. En cas de faillite d'une société en nom collectif, la déclaration du failli doit contenir le nom et l'indication du domicile de chacun des associés solidaires.

L'ouverture de la faillite est déclarée par le tribunal de commerce ; il en fixe l'époque soit par la retraite des débiteurs, soit par la clôture de ses magasins, soit par la date de tous actes constatant le refus d'acquitter ou de payer des engagemens de commerce. Ces actes cependant ne constatent l'ouverture de la faillite que lorsqu'il y a cessation de paiement ou déclaration du failli.

Le failli, à compter du jour de la faillite, est dessaisi de plein droit de l'administration de ses biens.

On ne peut acquérir de privilége ni hypothèque sur les biens d'un failli, dans les dix jours qui précèdent l'ouverture de la faillite.

Egalement, tous actes de translation de propriétés immobilières faits par le failli à titre gratuit dans les dix jours qui précèdent l'ouverture de la faillite, sont nuls et sans effet relativement à la masse des créanciers ; tous autres actes du même genre, à titre onéreux, sont susceptibles d'être annulés sur la demande des créanciers, s'ils paraissent aux juges porter des caractères de fraude.

Tous actes ou engagemens de commerce contractés par le débiteur, dans les dix jours qui précèdent l'ouverture de la faillite, sont présumés frauduleux quant au failli ; ils sont nuls lorsqu'il est prouvé qu'il y a fraude de la part des autres contractans. Toutes sommes payées dans les dix jours qui précèdent la faillite pour dettes commerciales, non échues, sont rapportées. Tous actes ou paiemens faits en fraude des créanciers sont nuls.

L'ouverture de la faillite rend exigibles les dettes passives non échues ; à l'égard des effets de commerce par lesquels le failli se trouvera être un des obligés, les autres obligés ne seront tenus que de donner caution pour le paiement de l'échéance, s'ils n'aiment mieux payer immédiatement.

Après avoir ainsi caractérisé le failli et déterminé son état, le Code passe aux règles de la procédure, soit pour l'apposition des scellés, la nomination des juges-commissaires et des agens de la faillite, soit pour la présentation du bilan, la nomination et les fonctions des syndics provisoires, enfin soit pour la suite de la procédure après la levée des scellés, les syndics définitifs, les assemblées de créanciers, le concordat entre eux, les diverses espèces de créanciers, leurs droits respectifs, ceux des femmes, la répartition entre les créanciers et la liquidation du mobilier, la cession des biens du failli, leur vente et la revendication de la part des vendeurs vis-à-vis du failli.

Ces nombreuses dispositions tenant à la faillite, qui est une position hors commerce et livrée à la procédure, nous n'avons pas à nous en occuper dans cet ouvrage; nous ferons seulement connaître les dispositions qui concernent le bilan et la revendication, comme restant dans le ressort du commerce.

1°. *Du bilan.* On donne ce nom à l'inventaire général de tout ce qu'un négociant possède en immeubles, meubles et marchandises, effets en portefeuille, dettes actives et passives.

Un bilan doit être de tous points conforme aux livres du négociant; il doit être divisé en deux parties, dont l'une porte le mot ACTIF, et la seconde, placée à la suite de la précédente, celui de PASSIF. On doit détailler, en premier lieu, à l'*actif* les immeubles, ensuite les marchandises, puis les fonds en caisse, les billets en portefeuille, enfin les débiteurs pour compte; on additionne toutes les parties de l'actif pour en faire un compte total.

On détaillera *au passif* les créanciers privilégiés,

ensuite les hypothécaires, puis les créanciers par billets, et enfin les créanciers par *compte*.

On doit ajouter à la suite du passif le résumé de l'inventaire, auquel on donne le titre de RÉSULTAT.

Telles sont les règles suivies dans la formation d'un bilan pour cause ordinaire ; mais lorsqu'il s'agit d'une faillite, un bilan doit, distinguer les bonnes dettes des douteuses, et ces dernières des mauvaises ; il doit faire mention des pertes du failli, le tout conformément à ses livres ; il doit encore renfermer tous les renseignemens propres à faire connaître la situation réelle du failli.

Le bilan diffère donc de l'inventaire prescrit par l'article 9 du Code, et dont nous avons parlé plus haut, en ce qu'il contient les détails relatifs aux objets litigieux, indépendamment de ceux qui sont prescrits pour l'inventaire ; il doit contenir les dépenses, les pertes, en un mot, tout ce qui peut faire connaître la situation du failli.

Le Code définit le bilan du failli, l'état passif et actif de *ses affaires* ; il veut que le failli qui l'aura préparé avant la faillite, le remette aux agens de celle-ci dans les vingt-quatre heures ; ce bilan devra être certifié véritable, daté et signé par le débiteur.

Si, à l'époque de l'entrée en fonctions des agens de la faillite, le failli n'avait pas préparé le bilan, il sera tenu par lui, s'il a obtenu un sauf-conduit, ou par son fondé de pouvoirs, s'il n'a pas de sauf-conduit, de procéder à la rédaction du bilan en présence des agens de la faillite ou de la personne qu'ils auront préposée.

Dans tous les cas où le bilan n'aurait pu être rédigé soit par le failli ou un fondé de pouvoirs, les agens procéderont eux-mêmes à la formation du bilan, au moyen des livres et papiers du failli, qui leur auront été remis à l'avance.

Le juge-commissaire nommé pour la faillite est

autorisé, ainsi que les agens, à interroger les personnes qui peuvent donner des renseignemens sur l'état des affaires du failli, à l'exception de sa femme et de ses enfans.

Si le failli venait à décéder après l'ouverture de la faillite, sa veuve ou ses enfans *pourront* se présenter pour suppléer le père ou époux dans la formation du bilan, et pour toutes les obligations imposées au failli.

2°. *De la revendication.* C'est un droit de la plus haute importance pour les négocians intéressés dans une faillite. En vertu de ce droit, le négociateur est autorisé à réclamer ce qui fait l'objet de sa créance dans les biens d'un failli.

L'article 576 du Code de Commerce porte : « Le vendeur pourra, en cas de faillite, revendiquer les marchandises par lui vendues et livrées, et dont le prix ne lui a pas été payé, dans les cas et aux conditions ci-après exprimés.

« La revendication ne pourra avoir lieu que pendant que les marchandises expédiées seront encore en route, soit par terre, soit par eau, et avant qu'elles soient entrées dans les magasins du failli ou dans les magasins du commissionnaire chargé de les vendre pour le compte du failli.

« Elles ne pourront être revendiquées, si, avant leur arrivée, elles ont été vendues sans fraude, sur facture et reconnaissance ou lettre de voiture.

« En cas de revendication, le revendiquant sera tenu de rendre l'actif du failli indemne de toute avance faite pour fret ou voiture, commission, assurance ou autres frais, et de payer les sommes dues pour mêmes causes, si elles n'ont pas été acquittées.

« La revendication ne peut être exercée que sur les marchandises qui seront reconnues être identiquement les mêmes, et que lorsqu'il sera reconnu que les balles, barriques, ou enveloppes dans lesquelles elles se trouvaient lors de la vente, n'ont pas été ouvertes; que les cordes ou marques n'ont été ni enlevées ni changées, et que les marchandises n'ont subi en nature et en quantité ni changement ni altération.

« Pourront être également revendiquées, aussi long-temps qu'elles existeront en nature, en tout ou en partie, les marchandises consignées au failli, à titre de dépôt, ou pour être vendues pour le compte de l'envoyeur : dans ce dernier cas même, le prix desdites marchandises pourra être revendiqué, s'il n'a pas été payé ou passé en compte courant entre le failli et l'acheteur.

« Les remises en effets de commerce, ou en tous effets non encore échus, ou échus et non encore payés, et qui se trouveront en nature dans le portefeuille du failli à l'époque de sa faillite, pourront être revendiquées, si ces remises ont été faites par le propriétaire avec le simple mandat d'en faire le recouvrement et d'en garder la valeur à sa disposition, ou si elles ont reçu de sa part la destination spéciale de servir au paiement d'acceptations ou de billets tirés au domicile du failli.

« La revendication aura également lieu pour les remises faites sans acceptation ni disposition, si elles sont entrées dans un compte courant par lequel le propriétaire ne serait que créditeur; mais elle cessera d'avoir lieu, si, à l'époque des remises, il était débiteur d'une somme quelconque. »

L'action en revendication est en général soumise à de nombreuses difficultés, et l'on pourrait dire de chicane, l'intérêt des créanciers d'un failli étant d'en contester, autant qu'il est en eux, la légitimité; ainsi, le négociant qui se trouve dans le cas de revendiquer, doit se concerter avec des hommes instruits dans la matière, afin de ne pas se méprendre dans l'exécution des dispositions qu'on vient de lire.

CHAPITRE XIV.

DES BANQUEROUTIERS.

Nous pourrions nous dispenser de traiter ce sujet ; la banqueroute sort de la sphère du commerce, et devient l'objet de procédures judiciaires de la compétence des tribunaux de police correctionnelle ou criminels. Nous regardons en conséquence comme inutile de répéter ici ce qu'en dit le Code ; bornons-nous à parler d'après lui des deux espèces de banqueroutes, l'une *simple* et l'autre *frauduleuse*.

La première se trouve caractérisée dans les dispositions suivantes du Code.

« Sera poursuivi comme banqueroutier simple et pourra être déclaré tel, le commerçant failli qui se trouvera dans l'un ou plusieurs des cas suivans :

« 1°. Si les dépenses de sa maison, qu'il est tenu d'inscrire mois par mois sur son livre-journal, sont jugées excessives ; 2°. s'il est reconnu qu'il a consommé de fortes sommes au jeu, ou à des opérations de pur hasard ; 3°. s'il résulte de son dernier inventaire que son actif étant de 50 pour 100 au dessous de son passif, il a fait des emprunts considérables, et s'il a revendu des marchandises à perte ou au-dessous du cours ; 4°. s'il a donné des signatures de crédit ou de circulation pour une somme triple de son actif, selon son dernier inventaire. »

Les cas de banqueroute simple sont jugés par les tribunaux de police correctionnelle, sur la demande des syndics de la faillite, ou sur celle de tout créancier du failli, ou même sur la poursuite d'office faite par le ministère public.

Le tribunal de police correctionnelle, en prononçant qu'il y a banqueroute simple, doit, suivant l'exigence des cas, prononcer l'emprisonnement de deux mois au moins, et de deux ans au plus.

Le Code met au nombre des causes qui peuvent faire regarder le failli comme banqueroutier simple, 1°. s'il n'a pas fait au greffe du tribunal de commerce la déclaration de la cessation de ses paiemens dans les trois jours au plus tard qu'elle aura eu lieu; 2°. lorsque s'étant absenté il ne se sera pas présenté en personne aux agens ou syndics de sa faillite, dans les délais fixés; 3°. s'il présente des livres irrégulièrement tenus, sans néanmoins que les irrégularités indiquent la fraude, ou s'il ne les présente pas tous; 4°. enfin, si, ayant un ou plusieurs associés, il ne s'est pas conformé à la disposition de l'article 440 du Code, qui veut que le failli en société fasse connaître au tribunal de commerce les nom et indication de domicile de chacun des associés solidaires.

Il est donc bien essentiel que le négociant en faillite ne manque à aucune de ces formalités, pour ne pas courir le danger d'être déclaré banqueroutier.

Nous ne dirons qu'un mot de la banqueroute frauduleuse.

Le Code de Commerce en déclare coupable tout failli qui se trouvera dans les cas suivans :

1°. S'il a supposé des dépenses ou des pertes, ou ne justifie pas de l'emploi de ses recettes; 2°. s'il a détourné aucune somme d'argent, aucune dette active, aucunes marchandises, denrées ou effets mobiliers; 3°. s'il a fait des ventes, négociations ou donations supposées; 4°. s'il a supposé des dettes passives ou collusoires; 5°. si, ayant été chargé d'un mandat spécial, ou constitué dépositaire d'argent, d'effets de commerce, de denrées ou marchandises, il a, au préjudice du mandat ou du dépôt, appliqué à son profit les bons ou la valeur des objets sur lesquels portait le mandat ou le dépôt; 6°. s'il a acheté des immeubles ou des effets mobiliers à la faveur d'un prête-nom ; 7°. enfin s'il a caché ses livres.

Pourra encore être poursuivi comme banqueroutier frauduleux le failli qui n'a pas de livres, ou dont les livres ne présenteraient pas sa situation véritable, et celui qui, ayant obtenu un sauf-conduit, ne se présentera pas à la justice.

Les cas de banqueroute frauduleuse sont poursuivis d'office devant les cours d'assises, par les procureurs du Roi et leurs substituts, sur la notoriété publique ou sur la dénonciation d'un des syndics de la faillite, ou d'un créancier.

La loi déclare complices de banqueroute fraudueuse les individus qui seraient convaincus de s'être entendus avec le banqueroutier pour receler ou sousraire tout ou partie de ses biens-meubles ou immeubles, d'avoir acquis sur lui des créances fausses, et qui, à la vérification et confirmation de leurs créanciers, auront persévéré à les faire valoir comme sincères et véritables.

Nous renvoyons encore au Code de Commerce pour tout ce qui concerne la procédure dans le cas de banqueroute simple ou frauduleuse, ainsi que pour tout ce qui regarde l'administration des biens du banqueroutier et sa réhabilitation ; ces détails ne devant trouver place que dans un ouvrage exclusivement consacré à la jurisprudence du commerce, plutôt qu'à la science même du négociant, qui est notre objet ici.

Ce que nous en avons dit est peut-être déjà trop étendu pour l'exercice du commerce, l'honnête et judicieux commerçant n'en a pas besoin de plus, pour se conduire et éviter les écueils qui peuvent se rencontrer dans son honorable carrière.

CHAPITRE XV.

DE LA CONTRAINTE PAR CORPS.

On sait assez ce que c'est que cette peine qui assujettit les négocians et marchands à subir la prison pour les dettes contractées dans l'exercice de leur profession.

Soit qu'elle ait paru excessive ou inutile, soit que le législateur se soit réservé l'intention de la supprimer un jour, elle n'a pas été explicitement établie par le Code de Commerce.

On sait que la contrainte par corps, pour dettes, avait été supprimée par la loi du 9 mars 1793 ; mais que depuis, et particulièrement par une loi du 15 germinal an VI, elle fut rétablie. Le Code Civil l'autorisa spécialement pour certaines dettes civiles, et ajouta qu'il n'était rien changé aux lois particulières qui autorisent la contrainte par corps en matière de commerce. (Art. 2070.)

Ainsi cette peine se trouve réglée par la loi du 15 germinal an VI. Elle accorde la contrainte par corps :

1°. Contre les banquiers, agens de change, courtiers, facteurs ou commissionnaires dont la profession est de faire vendre ou acheter les marchandises moyennant rétribution pour la restitution de ces marchandises ou du prix qu'ils en toucheront ;

2°. De marchand à marchand pour fait de marchandises dont ils se mêlent réciproquement ;

3°. Contre tous négocians ou marchands qui signeront des billets pour valeur comptant ou en marchandises ;

4°. Contre toutes personnes qui signeront des lettres ou billets de change, celles qui y mettent leur *aval*, qui promettent d'en fournir de place en place, et qui feront des promesses pour lettres de change à elles fournies, ou qui devront l'être;

5°. Enfin pour l'exécution des contrats maritimes.

La loi excepte de la contrainte les femmes, les filles, les mineurs non commerçans, signataires de lettres et billets de change.

Les mineurs qui sont négocians, banquiers, agens de change, courtiers, facteurs, commissionnaires, sont sujets à la contrainte à raison de leur commerce comme les majeurs.

Les femmes et filles marchandes, fussent-elles mineures, sont sujettes aussi à la contrainte pour l'exécution d'engagemens de marchand à marchand, «à raison des marchandises dont les parties font réciproquement négoce », restriction qui suppose qu'à l'époque de la loi de germinal an VI, on ne voulait pas attacher la contrainte indistinctement à tous les engagemens de commerce; mais cette restriction n'a point été confirmée par le Code de Commerce, qui ne parle de l'exception de contrainte pour les négocians et marchands que dans l'article 568, qui dit : « La cession judiciaire des biens du failli le soustrait à la contrainte par corps. »

Le Code de Commerce ne nomme plus la contrainte par corps que dans l'article 625, où il est question des gardes de commerce pour son exécution, et à l'article 637, où il est dit « que lorsque des lettres de change ou des billets à ordre porteront en même temps des signatures d'individus négocians et d'individus non négocians, le tribunal de commerce en connaîtra; mais qu'il ne pourra prononcer la contrainte par corps contre les individus non négocians, à moins qu'ils ne soient engagés à l'occasion d'opérations de commerce, trafic, change, banque ou courtage. »

L'exécution de la contrainte par corps est confiée, par le Code de Commerce (art. 625), à des gardes de commerce dont l'organisation est déterminée par des réglemens d'administration. L'article 2, titre III de la loi du 15 germinal an VI, en vertu de laquelle ils existent, porte : « Les jugemens emportant contrainte par corps, dit cet article, seront mis à exécution par tout huissier qui aura le droit d'instrumenter dans le ressort du département où résidera la personne contre laquelle ils seront exécutés, et dans le département de la Seine, concurremment avec celui qui ci-devant exerçait les fonctions de *garde du commerce*, à la charge par ce dernier de se faire enregistrer au greffe du tribunal de commerce du même département. » (*Voyez* plus bas, au chapitre des *Tribunaux de commerce.*)

CHAPITRE XVI.

JURIDICTION COMMERCIALE ET TRIBUNAUX DE COMMERCE.

Le commerce jouit dès long-temps de l'avantage d'être jugé par ses pairs en première instance ; ses contestations sont ordinairement des points de fait. Souvent l'usage peut seul fixer le sens des paroles peu correctes sur lesquelles roule tout le différend. Le commerce redoute les subtilités du droit, et ce n'est que par l'impuissance de faire autrement qu'il y a recours.

Dès le temps où les Italiens étaient venus en France y fonder des maisons de commerce en très grand nombre, ils avaient obtenu des juges spéciaux pour assurer plus promptement l'exécution des marchés. Ces juridictions furent connues sous divers noms de *conservation des foires*, de *conventions royaux*, de *juridictions consulaires* ; le plus ancien des tribunaux de commerçans qui existent encore en

France, est celui de Lyon, long-temps appelé la *Conservation*. Il remonte au quatorzième siècle, et, en certains cas, il a même exercé une juridiction criminelle.

Le tribunal de Paris fut érigé par Charles IX, en 1563; ses membres étaient qualifiés *juges et consuls des marchands*, d'où dérive le nom encore usité de *juridiction consulaire*, pour désigner celle des tribunaux de commerce.

Des créations successives multiplièrent ces établissemens. La loi du 16 août 1790 les maintint et les mit en harmonie avec le régime général qu'adoptait la France. Elle étendit d'abord en principe leur juridiction sur le commerce maritime, qui, jusqu'alors, ressortissait des amirautés. Dans les amirautés la juridiction contentieuse était mêlée avec la surveillance administrative des ports marchands et avec la répression du délit; mais une loi du 13 août 1793 supprima les amirautés, et les jugemens des causes civiles qui en dépendaient furent remis aux tribunaux de commerce.

Ceux-ci ont été maintenus, et leur juridiction fixée par le Code de Commerce.

D'après les dispositions qu'il contient, ils connaissent, 1°. de toutes contestations relatives aux engagemens et transactions entre négocians, marchands et banquiers; 2°. entre toutes personnes, des contestations relatives aux actes de commerce.

On voit, par cette disposition du Code, qu'il y a dans le système qu'il suit deux cas de compétence du tribunal de commerce, l'un à raison des *personnes*, l'autre à raison de la *matière*.

Il y a compétence à raison de la personne toutes les fois que l'individu défendeur est négociant, marchand ou banquier.

Cette qualification le rend justiciable du tribunal de commerce, pour toute discussion et contestation qui se rapporteraient à des engagemens ou transactions relatifs à la profession de négociant, marchand ou banquier.

Mais comme il peut arriver que la qualité de négociant, faute d'être authentique, devienne susceptible de dénégation, de recherches, de vérification, etc., pour en prévenir l'inconvénient le Code applique la compétence à l'acte même qui lui est déféré, de sorte qu'il faut que cet acte soit commercial par sa nature; quel que soit l'état du défendeur, commerçant ou non, c'est l'acte du commerce et non la qualité du débiteur qui fait la compétence du tribunal de commerce.

Nous avons rapporté, au premier chapitre de cet ouvrage, quels sont les actes que le Code répute commerciaux, et qui rendent ceux qui les font justiciables des tribunaux de commerce; nous n'en répéterons pas ici la nomenclature.

Nous remarquerons seulement que le Code répute *actes de commerce* et comme tels de la compétence des tribunaux de commerce, *toutes obligations entre négocians, marchands et banquiers*, d'où l'on pourrait conclure que l'obligation causée, par exemple, pour l'acquisition d'un domaine entre négocians, serait aussi de la juridiction du même tribunal, mais contre l'esprit de la loi, car ceci tendrait à dénaturer la destination du tribunal; il faut donc toujours entendre que, par obligations entre négocians, il n'est question, dans ce cas, que de celles qui dérivent de matières de commerce ou transactions commerciales, ainsi qu'on vient de l'exposer.

Les tribunaux de commerce connaissent également, 1°. des actions contre les facteurs, commis de marchands ou leurs serviteurs, pour le fait seulement du trafic du marchand auquel ils sont attachés; 2°. des billets faits par les receveurs, payeurs, percepteurs ou autres comptables des deniers publics.

Ils connaissent enfin, 1°. du dépôt du bilan et

des registres du commerçant en faillite, de l'affirmation et de la vérification des créances ; 2°. des oppositions au concordat, lorsque les moyens de l'opposant sont fondés sur des actes ou opérations dont la connaissance est attribuée par la loi aux juges des tribunaux de commerce : dans tous les autres cas, ces oppositions sont jugées par les tribunaux civils. En conséquence, toute opposition au concordat contient les moyens de l'opposant, à peine de nullité.

3°. Ils connaissent aussi de l'homologation ou traité entre le failli et ses créanciers.

4°. De la cession de biens faite par le failli pour la partie qui en est attribuée aux tribunaux de commerce par l'art. 901 du Code de Procédure civile.

Cet article porte « que le débiteur admis par le tribunal civil au bénéfice de la cession sera tenu de réitérer sa cession en personne, et non par procureur, ses créanciers appelés, à l'audience du tribunal de commerce de son domicile.

Lorsque les lettres de change ne sont réputées que simples promesses (1), ou lorsque les billets à ordre ne portent que des signatures d'individus non négocians, et n'ont pas pour occasion des opérations de commerce, trafic, change, banque ou courtage, le tribunal de commerce est tenu de renvoyer au tribunal civil, s'il en est requis par le défendeur.

Lorsque les lettres de change, réduites à l'état de simples promesses et en billets à ordre, portent en même temps des signatures d'individus négocians et d'individus non négocians, le tribunal de com-

---

(1) « Sont réputées simples promesses toutes lettres de change contenant supposition, soit de nom, soit de qualité, soit de domicile, soit des lieux d'où elles sont tirées, ou dans lesquels elles sont payables. » (Article 112 du Code de Commerce.) Voyez ci-dessus au chapitre *des Lettres de change.*

merce en connaît; mais il ne peut prononcer la contrainte par corps contre les individus non négocians, à moins qu'ils ne se soient engagés à l'occasion d'opérations de commerce, trafic, change, banque ou courtage.

Ainsi, la prohibition de la contrainte par corps contre les signataires non négocians ne concerne que les signataires de billets à ordre ou de lettres de change réduites à la qualité de simples promesses; mais la même prohibition ne s'étend pas aux lettres de change régulières, quoique souscrites par des individus non commerçans.

Les actions intentées contre un propriétaire, cultivateur ou vigneron, pour vente de denrées provenant de son crû, les actions intentées contre un commerçant pour paiement de denrées et marchandises achetées pour son usage particulier, ne sont point de la compétence du tribunal de commerce.

Néamoins, les billets souscrits par un commerçant sont censés faits pour son commerce, et ceux des receveurs, payeurs, percepteurs et autres comptables des deniers publics, sont censés faits pour leur gestion, lorsqu'une autre cause n'y est point énoncée.

Ainsi, un billet à ordre causé pour *valeur reçue* de la part d'un commerçant est toujours justiciable du tribunal de commerce, quoiqu'il soit fait au profit d'un individu non commerçant, à la différence de l'ancienne législation, qui ne rendait l'effet *consulaire* qu'autant qu'il serait fait de marchand à marchand, et pour cause de marchandises dont ils se mêleraient réciproquement.

Les tribunaux de commerce jugent en dernier ressort, 1°. toutes les demandes dont le principal n'excède pas la valeur de 1,000 francs; 2°. toutes celles où les parties justiciables de ces tribunaux, et usant de leurs droits, auront déclaré vouloir y être jugées définitivement et sans appel.

Les appels des jugemens des tribunaux de commerce sont portés devant les cours dans le ressort desquelles ces tribunaux sont situés.

Il y a un tribunal de commerce par chaque arrondissement de tribunal civil, c'est-à-dire par arrondissement de sous-préfecture. Chaque tribunal est composé d'un juge président, de juges et de suppléans ; les membres sont élus dans une assemblée composée de commerçans notables : la liste de ces notables est dressée sur tous les commerçans de l'arrondissement par le préfet du département, et approuvée par le ministre de l'intérieur. Tout commerçant peut être nommé juge ou suppléant s'il est âgé de trente ans, et s'il exerce le commerce depuis cinq ans ; le président devra toujours être âgé de quarante ans, et ne pourra être pris que parmi les anciens juges. Les jugemens rendus par les tribunaux de commerce doivent l'être par trois juges au moins ; aucun suppléant ne peut être appelé que pour compléter ce nombre. Le ministère des avoués est interdit dans les tribunaux de commerce. Nul ne peut plaider pour une partie devant ces tribunaux, si la partie, présente à l'audience, ne l'autorise, ou s'il n'est muni d'un pouvoir spécial.

Malgré cette défense de la loi et l'obligation qu'elle impose de plaider en personne ou par un fondé de pouvoir spécial aux tribunaux de commerce, on a toléré à celui de Paris des *agréés*. Ce sont des jurisconsultes ou hommes de lois et d'affaires qui y font les fonctions des avoués devant les tribunaux civils, excepté qu'ils ne sont pas constitués, et qu'ils n'ont pas le droit de représenter leurs constituans de la même manière.

Le ministère des agréés n'est pas obligatoire, et c'est aux parties à les assister ou à les munir de pouvoir. Ils conduisent le procès, ils rédigent les pièces, plaident ou produisent les avocats plaidans.

« Dans une aussi grande ville que Paris (1) on a cru prudent de laisser le tribunal s'entourer de personnes connues, expertes dans la procédure, d'agens honorables sur qui l'approbation des juges attire la confiance des parties sans forcer personne, plutôt que de laisser la porte ouverte au rebut des praticiens. La faculté donnée aux tribunaux d'ordonner que les parties seront entendues en personne, laisse au tribunal de commerce de Paris le moyen de refuser d'admettre un solliciteur, si, étant pris hors de la liste des agréés, il lui paraît ne pas mériter sa confiance. »

L'exercice de la contrainte par corps en matière commerciale est, à Paris, ainsi que nous l'avons dit, confié à des *gardes du commerce.* « Il sera établi pour la ville de Paris seulement, dit l'art. 615 du Code de Commerce, des gardes du commerce pour l'exécution des jugemens emportant la contrainte par corps; la forme de leur organisation et leurs attributions seront déterminées par un réglement particulier. »

Cette institution des gardes du commerce est fort ancienne dans Paris; sa nouvelle composition a été fixée par un décret du 14 mars 1808. Ces officiers y sont portés au nombre de dix, et nommés sur des listes fournies concurremment par le tribunal civil et par le tribunal de commerce; un vérificateur est attaché à leur bureau. Les contraintes ne sont exécutées que sur son *visa* apposé aux pièces exécutoires, visa dans lequel il déclare qu'il les a vérifiées, et qu'il n'y a point d'opposition signifiée au bureau, non plus que d'appel suspensif.

Les fonctions des membres des tribunaux de commerce sont seulement honorifiques; c'est en se

____

(1) M. Vincens, *Exposition de la Législation commerciale,* tome I.

servant de cette expression que le Code exprime
qu'elles sont essentiellement gratuites.

Ces tribunaux renvoient assez souvent les affaires à concilier ou à examiner à des commissaires
bénévoles pris hors de leur sein. Ils s'adressent ordinairement aux commerçans notables les plus zélés.
Dans quelques villes on a recours à des notaires ou
à des jurisconsultes. Ce ne sont pas des arbitres,
mais des conseils et des conciliateurs dans des matières où cette voie a paru convenable aux juges.

CHAPITRE XVII.

ADMINISTRATION GÉNÉRALE DU COMMERCE.

Nous parlerons sous ce titre :
1°. Du ministère du commerce.
2°. Des chambres de commerce.
3°. Du conseil général du commerce et des manufactures.
4°. Du conseil supérieur du commerce et des colonies.
5°. Des consuls de commerce ou commissaires
des relations commerciales.

L'ancien ministère du commerce et des manufactures, créé sous le gouvernement impérial, avait
été supprimé et réuni à celui de l'intérieur; mais,
par une ordonnance du 4 janvier 1828, le Roi l'a
rétabli, et en a déterminé les attributions par celle
du 20 du même mois, qui nomme M. de Saint-Cricq
pour en remplir les fonctions.

Par cette ordonnance, le ministre du commerce
est chargé de la suite et de la direction des rapports
du gouvernement avec les conseils généraux du
commerce et des manufactures, les chambres de
commerce, les comités et chambres consultatives

des arts et manufactures, et autres organes des besoins du commerce et de l'industrie;

La police des bourses de commerce et la nomination des courtiers et agens de change, à l'exception des courtiers et agens de change près la bourse de Paris, dont la nomination demeure dans les attributions du ministre des finances;

L'examen des demandes d'établissement de sociétés anonymes et d'assurances mutuelles, et l'approbation de leurs statuts et réglemens;

Les créations ou suppressions de foires quand il y a lieu;

La vérification et l'approbation des listes de négocians notables concourant à l'élection des tribunaux de commerce;

La proposition et l'ordonnance des primes accordées pour les pêches lointaines, et de tous encouragemens jugés nécessaires au développement du commerce et des manufactures, à l'exclusion toutefois des primes consistant seulement dans le remboursement des taxes perçues par le trésor, le remboursement dans ce cas continuant de se faire par l'administration des douanes sous l'autorité du ministre des finances;

L'administration du conservatoire des arts et métiers et des écoles royales analogues;

La délivrance des brevets d'invention et l'exécution des lois y relatives;

L'examen et l'approbation des réglemens relatifs aux professions industrielles;

La direction des mesures relatives à l'exposition périodique des produits de l'industrie;

La centralisation, au moyen de ses communications avec les ministres des autres départemens, de tout ce qui, dans les faits constatés par les administrations générales, dans la correspondance de nos agens à l'étranger et aux colonies et des commandans de nos stations dans les diverses mers, est de nature à faire apprécier la marche et les besoins de notre commerce et de notre navigation ;

La réunion de tous les documens, y compris ceux créés dans les autres départemens ministériels, propres à mettre en lumière les forces commerciales et industrielles du royaume ; la proposition et la direction de toutes enquêtes ayant pour objet de les mieux connaître et de distinguer plus sûrement tout ce qui peut hâter leur développement ;

La préparation des projets de lois et d'ordonnances relatifs au commerce tant intérieur qu'extérieur.

M. le comte de Saint-Cricq, nommé, par l'ordonnance du 4 janvier 1828, ministre secrétaire d'Etat, président du conseil supérieur du commerce et des colonies, prend le titre de *ministre secrétaire d'Etat au département du commerce et des manufactures.*

Le crédit accordé au département de l'intérieur pour des parties de service maintenant attribuées au département du commerce et des manufactures, et celui accordé au département des finances pour les dépenses du bureau de commerce et des colonies, sont transportés au budget, que le ministre du commerce et des manufactures doit soumettre à l'approbation du Roi pour les besoins de son département.

CHAPITRE XVIII.

CHAMBRE DE COMMERCE.

Les chambres de commerce, rétablies par l'arrêté lu gouvernement du 3 nivose an xi (1), sont com-

---

(1) Les premières chambres de commerce furent établies u 1701 ; celle de Marseille datait de 1650 ; elles avaient té supprimées en 1790.

posées de neuf ou quinze membres, suivant que la population de la ville est au-dessous ou au-dessus de cinquante mille âmes.

Pour les établir, quarante à cinquante commerçans, désignés et appelés par le préfet, à son défaut par le maire, en choisissent les membres, sous l'approbation du ministre de l'intérieur. Après cette première formation, elles se renouvellent par leur propre suffrage et par tiers tous les ans. L'approbation ministérielle est toujours requise. Les membres sortans sont rééligibles. Dans certaines villes, il est d'usage de ne les renommer qu'après un intervalle quelquefois assez long, et tel, qu'il fait concourir à la chambre tous les négocians notables successivement. Ailleurs, on maintient presque toujours les mêmes individus, et les places deviennent pour ainsi dire à vie. La chambre, moins accessible, y gagne peut-être en considération ; mais elle y doit perdre de la confiance et de l'attachement du public, et dès lors de son utilité.

Hors du nombre des membres, le préfet du chef-lieu, ou le maire dans les autres villes, est le président né. La chambre se choisit un vice-président ; l'usage et la nécessité l'ont fait ainsi, quoique les décrets ne l'eussent point réglé.

Leurs fonctions, suivant l'acte de leur institution, sont de présenter des « vues sur les moyens d'ac-« croître la prospérité du commerce, de faire con-« naître au gouvernement les causes qui en arrêtent « les progrès, d'indiquer les ressources qu'on peut « se procurer, de surveiller l'exécution des travaux « publics relatifs au commerce, tels, par exemple, « que le curage des ports, la navigation des rivières, « et l'exécution des lois et arrêtés concernant la con-« trebande. »

La surveillance des travaux publics qui intéressent le commerce mettait les chambres en contact avec les officiers des ponts-et-chaussées. Soit que les prétentions aient été modérées, ou que l'on en ait en général négligé l'attribution, elle n'a fait élever qu'un petit nombre de difficultés ; cependant il s'en est présenté qui ont exigé une explication. Elle a été donnée par une circulaire du ministre de l'intérieur (1), d'après un avis du Conseil d'État (comité de l'intérieur et du commerce), et il a été réglé « que « les chambres de commerce doivent être consultées « sur les projets de ces travaux ; qu'elles peuvent « adresser soit au ministre, soit aux préfets, toutes « les observations qu'elles jugent utiles sur l'exécu- « tion ; qu'elles doivent être invitées par les préfets « à assister ou à se faire représenter par un de leurs « membres à la réception des ouvrages, sans que « néanmoins leur assistance soit indispensable, et que « leur absence puisse en arrêter la vérification, si « elles négligeaient de se conformer à l'invitation qui « leur aurait été faite. »

Les chambres de commerce correspondent direc- ement avec le ministre de l'intérieur : ces expres- ions, dans l'arrêté qui les constitue, signifient sim- lement qu'elles ne sont pas renvoyées au préfet de eur département pour donner leur avis ou pour en ecevoir. La correspondance ministérielle est un lroit qu'on a voulu spécifier en leur faveur.

D'après le caractère qui leur a été donné, on n'a- rait pas pensé à assigner un territoire à chacune l'elles. Le gouvernement se proposant de les consul- er sur les intérêts locaux, il n'était pas besoin de eur limiter le cercle de ceux que leur zèle ou leurs onnaissances pouvaient embrasser : mais aujourd'hui [u'elles doivent fournir au conseil du commerce des andidats tirés de leur arrondissement, cette dispo- ition suppose une délimitation. D'ailleurs, leurs lépenses, comme assimilées à celles des bourses du

____

(1) Circulaire du 12 septembre 1819.

commerce, sont couvertes par une contribution levée en forme de centimes additionnels sur les patentés; ce qui a fait demander, dès long-temps, quels sont ceux qui y doivent contribuer.

CHAPITRE XIX.

CONSEIL GÉNÉRAL DU COMMERCE.

Il existait, avant la révolution, un conseil du commerce qui faisait partie du ministère des finances; supprimé depuis, il fut rétabli d'abord par l'arrêté des consuls du 3 nivose an XI, qui institua les chambres de commerce.

Mais postérieurement une ordonnance du Roi du 28 août 1819 lui a donné une nouvelle existence, plus d'extension, et en a déterminé les attributions.

D'après ce réglement, le conseil général du commerce est nommé par le ministre de l'intérieur, sous l'approbation du Roi, parmi les négocians les plus recommandables, exerçant actuellement le commerce. Il est composé d'un nombre choisi sur la présentation de chaque chambre de commerce, et de vingt membres nommés directement. Les deux candidats qu'offre chaque chambre de commerce, sur lesquels le ministre en choisit un, ne peuvent être pris que dans l'étendue de l'arrondissement respectif de chaque chambre. Les fonctions des membres sont gratuites; elles durent trois années, mais elles peuvent être continuées en vertu d'une nouvelle nomination.

Une disposition particulière de cette ordonnance porte que « le titre de *conseiller du Roi* au conseil général du commerce pourra, après cinq ans d'exercice au moins, être conféré par un brevet signé du

Roi, à ceux des membres du conseil qui auront coopéré de la manière la plus utile à ses travaux, et qui auront rendu des services signalés au commerce. Ils auront voix consultative comme les maîtres des requêtes, au Conseil d'État. »

Nous ignorons jusqu'à quel point cette disposition trouve son application dans le commerce, mais elle n'en a aucune dans le Conseil d'État.

Voici les fonctions du conseil général du commerce, d'après la même ordonnance du 23 août 1819.

Il donne son avis motivé sur les questions de législation et d'administration, et sur les projets de mémoires relatifs au commerce, qui lui sont renvoyés par le ministre de l'intérieur. Il signale au ministre les abus qui parviennent à sa connaissance, et qui seraient de nature à préjudicier au commerce; il présente ses vues sur les améliorations de toute espèce qu'il croit propres à en favoriser le mouvement et les progrès.

Il est inutile de dire que le ministre a bien rarement convoqué ce conseil, et que depuis qu'il y a un ministère spécialement consacré au commerce, un nouveau conseil a été formé sur le modèle de celui-ci, sans cependant qu'il ait été aboli; mais ces réunions sont en général de peu d'importance, et sujettes à tomber en désuétude.

CHAPITRE XX.

CONSEIL GÉNÉRAL DES MANUFACTURES.

Il était, comme le précédent, au nombre des atributions du ministre de l'intérieur avant la création de celui du commerce. Son institution date de l'ordonnance du Roi du 23 août 1819, époque où fut aussi établi celui du commerce, comme nous venons de le voir.

Il est composé de soixante membres nommés par le ministre de l'intérieur (aujourd'hui celui du commerce), sous l'approbation du Roi, et choisis sur la généralité des manufacturiers de France en exercice, de manière que chaque branche d'industrie compte un ou plusieurs membres au conseil, dans la proportion relative du degré d'utilité qu'elle présente. Les fonctions des membres sont gratuites. Le titre de conseiller du Roi leur est acquis après cinq ans d'exercice, de la même manière et avec les mêmes droits que les membres du conseil de commerce.

Le conseil général des manufacturiers donne son avis sur les questions de législation et d'administration, et sur les projets et mémoires relatifs aux manufactures, qui lui sont renvoyés par le ministre. Il signale les abus qui pourraient porter préjudice à l'industrie nationale, et présente des vues sur les améliorations à introduire dans toutes les parties du régime propre aux manufactures.

CHAPITRE XXI.

CONSEIL SUPÉRIEUR DU COMMERCE ET DES COLONIES.

Ce conseil a été ajouté aux précédens par ordonnances du Roi des 6 janvier et 20 mars 1824. Il est chargé d'aviser à l'amélioration des lois et tarifs qui régissent les rapports du commerce français avec l'étranger et avec les colonies françaises. Tous les projets de lois et d'ordonnances, sur cette matière, doivent être soumis à son examen avant d'être présentés à l'approbation du Roi. Il délibère sous la présidence du président du conseil des ministres. Il est composé de deux ministres secrétaires d'État, au

ombre desquels est de droit celui du commerce
ujourd'hui, président du *bureau du commerce* et des
olonies, du directeur général des douanes, de ce-
ii de l'agriculture, du directeur des relations po-
tiques au ministère des affaires étrangères, et du
ecrétaire du bureau du commerce.

Bureau du commerce et des colonies.

Il a été créé par l'ordonnance du 6 janvier 1824;
est chargé, sous le président du conseil des mi-
istres, 1°. de recueillir les faits et documens pro-
res à éclairer les délibérations du conseil supé-
ieur du commerce et des colonies, ainsi que les
éterminations du Roi en ce qui touche à l'action
u gouvernement sur le commerce, dans ses rapports
vec l'étranger et avec les colonies françaises; 2°. de
roposer les mesures qu'il croit avantageuses au
ommerce du royaume.

Il est inutile d'observer que les fonctions de ces
onseils créés en 1824, sont absorbées aujourd'hui
ar le conseil du commerce et des manufactures,
uoique leur existence n'aie point été abrogée.

CHAPITRE XXII.

ONSULS DANS L'ÉTRANGER ET DE L'ÉTRANGER EN FRANCE, POUR LA PROTECTION DU COMMERCE.

Les gouvernemens, pour la protection de leurs
ujets et l'intérêt de leur commerce à l'extérieur, y
ntretiennent des agens sous le nom de consuls ou
le *commissaires des relations commerciales*, qui jouis-
ent de pouvoirs politiques et exercent une juridic-
ion sur les nationaux. Ce droit de juridiction n'existe
ju'en vertu de traités particuliers avec la puissance

chez laquelle ils résident. Ceux des États-Unis en jouissent en France, et réciproquement. Les consuls ne sont pas justiciables en France des tribunaux du royaume, pour les actes faits en leur caractère, par ordre et au nom de leur gouvernement. Leurs chanceliers partagent cette immunité, ainsi que les vice-consuls nommés par leurs gouvernemens. Ce dernier titre se donne aussi quelquefois à des agens que les consuls ont choisis de leur autorité.

Les agens consulaires dûment accrédités sont pourvus par celui sur le territoire duquel ils résident, de lettres d'*exequatur*, qui constatent et limitent la juridiction ou les immunités dont ils jouissent.

Il y est établi par les lois que s'ils exercent le commerce, le privilége consulaire ne pourra pas s'étendre à leurs affaires propres. Quant aux consuls ou commissaires de relations commerciales nommés par la France, cette condition est inutile, parce que tout commerce leur est interdit par leur création.

La connaissance des réglemens relatifs à ces fonctionnaires se lie à celle des traités et conventions commerciales, dont il serait trop long de nous occuper ici.

SECONDE PARTIE.

DE L'EXERCICE DU COMMERCE.

ᴊᴇ commerce, sous le rapport de l'exercice, peut
ᴇ diviser en intérieur ou de consommation, et en
ᴋᴛérieur ou d'exportation. Nous traiterons som-
ᴀirement ici de l'un et de l'autre.

Cette partie de la science du négociant suppose
ᴇ connaissance plus ou moins pratique des mar-
ᴀandises, et des usages suivis dans la vente et
ᴀchat de chacune d'elles.

Ainsi nous diviserons en deux parties ce que nous
ᴏns à dire ici ; l'une aura pour objet la connais-
ᴀce des principales marchandises, l'autre celle des
ᴀages suivis pour la vente et l'achat qui s'en fait
ᴀns les places de commerce ; c'est à proprement
ᴀrler le commerce intérieur.

COMMERCE INTÉRIEUR.

CHAPITRE PREMIER.

DE LA CONNAISSANCE DES MARCHANDISES.

Afin de mettre de l'ordre dans ce chapitre, nous
ᴏns trois classes des marchandises qui en font
ᴀbjet : 1°. les productions du sol ; 2°. les matières
ᴇmières des manufactures ; 3°. les denrées colo-
ᴀles.

Nombre de marchandises de la première de ces trois classes trouvent aussi leur place parmi les matières premières des manufactures ; cependant nous ne les déplacerons pas, parce que nous ne les considérons que sous le premier rapport, et nous en restreignons la nomenclature à celles seulement qui, formant un objet de commerce important, sont soumises à un régime particulier dans la vente, l'achat ou le transport qu'on en fait. Tels sont les blés, les vins, les huiles, les eaux-de-vie.

Nous n'étendrons pas non plus le nombre des matières premières des manufactures au-delà des laines, des lins, des chanvres, des soies, des cotons.

Enfin nous n'entrerons pas dans le détail de toutes les denrées coloniales ; la quantité et la variété en sont immenses ; nous nous bornerons aux sucres, aux cafés, aux cotons, cacao et indigo.

PREMIÈRE CLASSE.

BLÉS.

Le commerce du blé ou des grains est soumis à des restrictions quant à l'exportation et à l'importation ; mais toutes les gênes qu'il éprouvait jadis dans l'intérieur sont entièrement abolies.

On distingue trois sortes de blés : le froment, le seigle et le méteil, qui est un mélange de l'un et de l'autre.

Les blés-froment présentent trois qualités, dont les prix sont différens : 1°. *la tête*, ou qualité supérieure ; 2°. *le milieu*, moyen ou blé marchand ; 3°. le blé commun. C'est par la couleur, la forme, le poids, le goût ou l'odeur que ces trois qualités se font connaître.

En général on choisit pour le commerce un blé bien sec, coulant, sans odeur marquée, sans laisser de goût dans la bouche. Le blé qui a été moissonné avant parfaite maturité, ou qui a fermenté, a une odeur forte qui le fait distinguer du bon blé ; cassé sous la dent, il laisse un goût âcre et de moisi.

La vente des grains, dans les halles et marchés de l'intérieur, est soumise à des réglemens d'administration locale et de police municipale, qui, ainsi que la taxe du pain, sont établis par diverses lois, entre autres celle du 22 juillet 1791 ; quant à la circulation intérieure, elle est parfaitement libre : c'est ce que porte la loi du 21 prairial an v. « Toute personne, y est-il dit, convaincue d'y avoir porté atteinte, sera poursuivie et condamnée, outre la restitution, à une amende de la moitié de la valeur des grains arrêtés ; les marchands de grains et les blattiers ne seront plus assujettis à se munir de bons de municipalités, mais ils seront tenus de se pourvoir de patentes. Les bons ou permis des municipalités ne seront plus nécessaires pour faire des approvisionnemens, soit dans les marchés, soit ailleurs, sans néanmoins rien innover aux usages des lieux où les marchands ne peuvent acheter dans les marchés qu'à des heures fixées. »

Le *commerce des grains*, proprement dit, est celui qui se fait au-dehors par voie d'importation et d'exportation dans l'étranger.

Commerce des grains.

Les grains ne peuvent passer d'un port de France à l'autre qu'en vertu de pouvoirs donnés par les préfets, et délivrés jusqu'à la concurrence d'une quantité dont le ministre du commerce autorise chacun d'eux à permettre le voyage. Quand la quantité fixée pour cet objet est épuisée, on la renouvelle, c'est-à-dire qu'on autorise les préfets à délivrer de nouveaux permis de transports. Cette mesure n'a pas pour objet de gêner la circulation, mais de prévenir les exportations frauduleuses lorsque la sortie est défendue.

La permission éventuelle de la sortie des grains a été réglée par plusieurs lois; celles du 2 décembre 1814, du 16 juillet 1819, du 7 juin 1820 sont, avec celle du 4 juillet 1821, les principales qui ont statué à cet égard.

Il résulte de leur combinaison que les grains peuvent sortir quand le prix est au-dessous d'un certain taux, et que lorsqu'il y est remonté la sortie est prohibée. Quand les grains sont à bas prix en France, ceux de l'extérieur ne peuvent entrer.

La loi du 4 juillet 1821 a déterminé d'une manière précise ces mesures, et en même temps partagé les départemens en quatre classes, afin de fixer pour chacune d'elles le taux où le prix des grains qui se trouvent dans les ports désignés, étant parvenu, l'exportation est interdite et l'importation autorisée.

« Article 1er. Les départemens frontières de la France seront partagés en quatre classes, pour servir à régler l'exportation des grains.

« Article II. Cette exportation, ainsi que celle des farines et légumes, sera suspendue dans chaque classe, lorsque les blés-froment indigènes y auront dépassé de 2 fr. le prix fixé par l'article suivant, comme limite pour l'importation.

« Article III. Lorsque le prix des blés-froment indigènes sera descendu au-dessous de 24 fr. l'hectolitre dans les ports de la première classe, de 22 fr. dans la seconde classe, de 20 fr. dans la troisième, et de 18 fr. dans la quatrième, toute introduction de blés et de farine de blés étrangers, pour la consommation nationale, sera prohibée dans lesdits départemens. »(1)

____

(1) Ainsi lorsque les blés, dans les ports désignés, se-

L'importation des blés et farines de l'étranger est soumise à des droits réglés par la loi du 16 juillet 1819, ainsi que celle des seigles, maïs et farines de seigle venant des mêmes lieux.

Les départemens frontières et maritimes, séparés en quatre classes, comme nous l'avons dit, subissent une sous-division en *sections*, afin que dans l'application, assez difficile de la loi, aux localités, quand les grains ne se trouvent pas eux-mêmes dans toute la *classe*, les départemens qui y sont rangés ne soient pas soumis à la prohibition.

Le tableau suivant, annexé à la loi du 4 juillet 1821, fait connaître ces divisions ; on y remarquera que ceux de la première classe n'ont qu'une section unique.

---

ront à 2 francs l'hectolitre au-dessus des prix indiqués, l'importation est permise et l'exportation prohibée.

Tableau de la division en quatre classes des départemens de la France par rapport à l'exportation et à l'importation des grains, avec indication des marchés régulateurs propres à chaque section de ces quatre classes.

	MARCHÉS régulateurs
Départemens de la première classe. (L'exportation ne peut être permise dans ces départemens que quand le blé-froment est au-dessous de 25 fr. l'hectolitre.)	
Section unique. Pyrén.-Orient., Aude, Hérault, Gard, Bouches-du-Rhône, Var, et la Corse....	Toulouse. Marseille. Fleurance. Gray.
Départemens de la deuxième classe. (L'exportation ne peut y être permise que quand le blé-froment est au-dessous de 23 fr. l'hectolitre.)	
Section 1re. Gironde, Landes, Basses-Pyrénées, Hautes-Pyrénées, Ariége et Haute-Garonne. .	Marans. Bordeaux. Toulouse.
Section 2e. Basses-Alpes, Hautes-Alpes, Isère, Ain, Jura et Doubs......................	Gray. St.-Laurent près Mâcon. Le Grand-Lemps.
Départemens de la troisième classe. (L'exportation ne peut y être permise que quand le blé-froment est au-dessous de 21 fr. l'hectolitre.)	
Section 1re. Haut-Rhin et Bas-Rhin...........	Mulhausen Strasbourg.
Section 2e. Nord, Pas-de-Calais, Somme, Seine-Inférieure, Eure et Calvados..............	Bergues. Arras. Roye. Soissons. Paris. Rouen.
Section 3e. Loire-Inférieure, Vendée et Charente-Inférieure.	Saumur Nantes. Marans.
Départemens de la quatrième classe. (L'exportation ne peut y être permise que quand le blé-froment est au-dessous de 19 fr. l'hectolitre.)	Metz. Verdun.
Section 1re. Moselle, Meuse, Ardennes et Aisne.	Charleville Soissons.
Section 2e. Manche, Ille-et-Vilaine, Côtes-du-Nord, Finistère et Morbihan..............	Saint-Lô. Paimpol. Quimper. Hennebon. Nantes.

Pour régler l'exécution de cette loi, le gouvernement publie tous les premiers du mois le *prix courant légal* du froment dans chaque classe et chaque *section* ou sous-division de classe.

Quand l'importation, *pour la consommation*, n'est pas permise ou qu'elle est soumise à ses droits, on peut toujours importer par *entrepôt*. La réexportation des grains entreposés est libre en tout temps, même quand l'exportation est prohibée.

L'importation, quand elle est permise, est soumise à un droit permanent, outre les droits variables, savoir :

Par navires français.

Venant des pays de production (1), 25 cent. par hectolitre; venant d'ailleurs, 1 fr. 25 cent.

Par navires étrangers.

Quand il y a lieu à la perception du droit variable, 2 fr. 50 cent. par hectolitre; quand il y a franchise du droit variable, 1 fr. 25 cent.

VINS.

La France est le pays de l'Europe le plus abondant en vins d'une excellente qualité, et dont le commerce qu'elle en fait s'élève à des valeurs considérables.

Il résulte de renseignemens, sur lesquels on peut compter, que la France telle qu'elle est aujourd'hui présente environ 1,734,600 hectares de vignes qui produisent, année commune, 31,000,000 hectolitres de vin de différentes qualités, sur lesquels on estime,

---

(1) Une ordonnance du Roi du 23 octobre 1820, a réglé qu'on ne regardera comme pays de production que l'Égypte, les ports de la mer Noire, de la mer Baltique, de la mer Blanche, et des États-Unis d'Amérique.

d'après des données satisfaisantes, que 14,437,000 hectolitres sont consommés par les habitans, et 16,563,000 environ livrés au commerce ou convertis en eaux-de-vie.

Deux points doivent fixer l'attention du marchand dans ce commerce : 1°. la différence du prix que la qualité des vins établit dans le commerce; 2°. les réglemens auxquels la vente de cette boisson est assujettie, soit dans l'intérieur, soit à l'exportation.

La consistance et la couleur des vins forment une première distinction entre eux. La consistance présente des vins *secs*, des vins *liquoreux* et des vins *moelleux* : il y en a aussi de mixtes qui participent plus ou moins de ces diverses qualités, distinctions auxquelles nous ne nous arrêterons pas, pour nous occuper plus spécialement du commerce des vins.

Droits sur les vins.

La loi du 28 avril 1816 porte, au titre des *Droits sur les boissons*, qu'à chaque déplacement de vins, cidres, poirés, eaux-de-vie, esprits et liqueurs, il sera perçu un droit de circulation, conformément au tarif annexé à la loi.

Les départemens y sont divisés en quatre classes pour la perception du droit de circulation. La première classe se compose de vingt-trois départemens à peu près méridionaux; la seconde, de vingt-six du centre à peu près; la troisième, d'autant de la partie orientale du royaume, et la quatrième, de treize formés des anciennes provinces de la Normandie et de la Bretagne.

Dans la première classe les vins enlevés pour sortir du département paient par hectolitre, en pièces, 60 cent.; dans ceux de la seconde classe, 75 cent.; dans la troisième, 90 cent.; dans la quatrième, 1 fr. 20 cent.; et lorsque ces vins sont en bouteilles, ils paient 5 fr. par hectolitre.

L'exemption de ce droit est accordée aux négocians, marchands en gros, courtiers de commerce, facteurs, commissionnaires, pour les boissons qu'ils feront transporter de l'une de leurs caves dans une autre située dans le même département.

Le transport des boissons enlevées par l'étranger ou pour les colonies étrangères, sont également exemptes du même droit.

Aucun enlèvement ni transport de boissons ne peut être fait sans une déclaration préalable de l'expéditeur ou de l'acheteur, et sans que le conducteur ne soit muni d'un congé, d'un acquit-à-caution, et d'un passavant pris au bureau de la régie.

Lorsque la déclaration a pour objet des boissons expédiées à l'étranger ou aux colonies françaises, l'expéditeur, pour jouir de l'exemption, sera obligé de se munir d'un acquit-à-caution sur lequel sera désigné le lieu de sortie.

Dans tous les autres cas l'expéditeur sera tenu de payer les droits de circulation, et de se munir d'un congé s'il s'agit de vins, cidres, poirés, et d'un acquit-à-caution s'il s'agit d'eaux-de-vie, d'esprits ou de liqueurs.

Les boissons devront être portées à la destination déclarée, dans le délai désigné sur l'expédition.

Dans le cas où un accident de force majeure nécessiterait le prompt déchargement d'une voiture ou d'un bateau, ou une transvasion immédiate des boissons, ces opérations ne pourront avoir lieu sans déclaration préalable, à charge par le conducteur de faire constater l'accident par les employés, et, à leur défaut, par un officier municipal de la commune la plus voisine.

« Les voituriers, bateliers qui transporteront ou conduiront des boissons, sont tenus d'exhiber, à toute réquisition des employés, les congés, passavans, acquits-à-caution ou laissez-passer dont ils peuvent être porteurs, sous peine de saisie du déchargement, voiture et chevaux, mais seulement comme garantie de l'amende à défaut de caution solvable. Les marchandises du chargement qui ne seront pas en fraude seront rendues au propriétaire. »

Des marchands en gros de vins et boissons.

« Les négocians, marchands en gros, courtiers, facteurs, commissionnaires de roulage, etc., qui voudront faire le commerce de boissons en gros (qu'ils soient ou non entrepositaires, s'ils habitent un lieu sujet aux entrées), seront tenus de déclarer les quantités, espèces et qualités de boissons qu'ils possèdent, tant dans le lieu de leur domicile qu'ailleurs.

« Sera considéré comme marchand en gros tout particulier qui recevra ou expédiera, soit pour son compte ou le compte d'autrui, des boissons soit en futailles d'un hectolitre au moins, ou en plusieurs futailles qui, réunies, contiendraient plus d'un hectolitre, soit en caisses et paniers de vingt-cinq bouteilles et au-dessus.

« Les marchands en gros, et ceux dénommés plus haut, pourront transvaser, mélanger ou couper leurs boissons hors la présence des employés ; les pièces ne seront pas marquées à l'arrivée ; seulement il sera tenu, pour les boissons en leur possession, un compte d'entrée et de sortie dont les charges seront établies d'après les congés, acquits-à-caution ou passavans qu'ils seront tenus de représenter sous peine de saisie, et les décharges d'après les quittances du droit de circulation.

« Les employés peuvent néanmoins faire, à la fin de chaque mois, des vérifications chez les marchands en gros, à l'effet de constater les boissons restant en magasin. »

Ils sont tenus de payer le *droit de détail* pour toutes

les ventes qu'ils feraient, et dont la quantité expédiée n'excédera pas un hectolitre, ou vingt-cinq litres si elle est en bouteilles.

Les vins, eaux-de-vie, liqueurs en bouteilles expédiées en quantité de vingt-cinq litres et au-dessus, devront être contenus dans des paniers ou caisses fermés et emballés suivant les usages du commerce.

« Les marchands en gros seront tenus de payer un droit égal à celui du détail, d'après le prix courant du lieu de leur résidence, sur les quantités de boissons qui seront reconnues manquer à leurs *charges*, après la déduction accordée pour *coulage* et *ouillage*.

« Toute personne qui fera le commerce en gros de boissons, sans déclaration préalable, ou après une déclaration de cesser, ou qui, ayant fait une déclaration de marchand en gros, exercera réellement le commerce de boissons en détail, sera punie d'une amende de 500 fr. à 2,000 fr., sans préjudice de la saisie et de la confiscation des boissons en sa possession. Elle pourra en obtenir la main-levée en payant une somme de 2,000 fr., indépendamment de l'amende prononcée par le tribunal. »

Les droits de détail sur la vente des boissons autres que la bière n'ont pas lieu dans l'enceinte de Paris, conformément à l'art. 92 de la loi du 28 avril 1816 ; ils y sont remplacés par des droits d'entrée sur les boissons.

HUILES.

Quoiqu'il y ait plusieurs espèces d'huiles dans le commerce, nous ne parlerons que de celle d'olive, dont la consommation est très considérable, et les bénéfices proportionnés lorsqu'on connaît bien cette partie du commerce.

L'huile fait la richesse des pays où on la récolte ; elle est une des principales branches du commerce que fait le Midi avec le Nord. Beaucoup de cantons de la Provence et du Languedoc, le pays de Gênes presque en totalité, plusieurs parties de l'Italie, et surtout du royaume de Naples, ainsi qu'une grande étendue des côtes d'Espagne et du Portugal, ne vivent presque entièrement que de la récolte et de la vente des huiles. La Provence et le Languedoc produisent les huiles d'olive qui sont le plus recherchées pour la table. Celles d'Aix, de Nice, de Grasse et d'Oneille sont, à cet égard, de première qualité.

La France ne peut fournir assez d'huile pour la consommation des savonneries de Marseille. C'est principalement de la Morée, de l'Espagne, du royaume de Naples, de la rivière de Gênes, des îles de l'Archipel qu'elles tirent les huiles d'olive qui leur sont nécessaires. Mais la cherté que la concurrence a apportée à ces huiles a forcé les fabricans à les mélanger avec d'autres pour la fabrication du savon. Ce mélange s'opère le plus souvent avec de l'huile d'*oliette*, mot espagnol qui signifie petite huile, huile de qualité inférieure; c'est de l'huile de graine de pavot.

Lorsque ce mélange a eu lieu dans l'huile, alors elle ne se congèle plus aussi facilement. On voit dans ce cas l'huile d'oliette, qui est plus chaude par sa nature, résister à l'action du froid et conserver sa liquidité, lorsque, tout au contraire, l'huile d'olive est toute figée en petits grumeaux.

Le moyen vulgaire d'essayer l'huile d'olive est d'en frotter quelque peu dans ses mains et de sentir cette huile, qui répand alors une odeur d'olive d'autant plus forte qu'elle est provoquée par la chaleur. On connaît encore d'autres moyens de distinguer l'huile d'olive pure de celle qui est mélangée d'autres huiles. Le premier, d'un usage ordinaire, consiste à remplir à moitié une fiole de l'huile suspecte, et à l'agiter fortement. Si l'huile d'olive est pure, après quelque temps de repos sa surface sera très unie; si elle est mélangée d'huile d'oliette, il restera tout autour un filé de bulles d'air, ce qu'on exprime en disant qu'elle *forme chapelet.*

Un autre moyen consiste à refroidir l'huile dans la glace pilée ; l'huile d'olive s'y fige *complétement ;* celle qui est mélangée de pavot y reste en partie liquide. Un mélange de deux parties d'huile d'olive sur une partie de l'autre huile, ne se fige pas du tout.

La France l'emporte sur tous les pays de l'Europe pour la bonté de ses huiles.

La qualité distinguée et la réputation méritée de l'huile d'Aix tiennent peut-être autant à la manière dont on y fait la récolte des olives, et aux soins particuliers qu'on prend à la fabrication, qu'à la nature du territoire.

Dans les pays où l'huile se fabrique on est dans l'usage de la conserver dans de grands vaisseaux de terre vernissés en dedans. Ces vaisseaux, auxquels on donne le nom de *jarre,* ont la forme d'une barrique resserrée par les deux extrémités et renflée dans le milieu.

L'huile ne peut se conserver qu'un certain temps sans altération : la meilleure peut rester deux ans et jusqu'à trois sans s'altérer (telle est celle d'Aix quand elle est bien fabriquée); au-delà elle prend un goût âcre et contracte une odeur rance. Les lieux frais et où la température n'est point sujette à variation, comme les caves, sont les endroits où il faut la tenir dans des vases fermés hermétiquement pour la conserver long-temps avec sa bonne qualité.

Outre la quantité considérable d'huile d'olive que produit la France, il en est importé pour de fortes sommes de l'étranger. Suivant les états d'importation et d'exportation fournis par les douanes, on voit qu'en 1820 il a été importé en France 5,557,655 kilogrammes d'huile fine, 21,592,766 kilogrammes d'huile commune ; en tout 27,150,421 kilogrammes, dont les sept huitièmes sont entrés par les ports de la Méditerranée.

Le commerce de Marseille reçoit la plus grande partie des huiles importées de l'étranger pour sa fabrique des savons; mais l'huile d'olive est la seule qui ne donne point de fumée, et qui puisse être employée pour travailler à des étoffes auxquelles la propreté et l'éclat ajoutent un grand prix. Calcul fait, il se brûle à Lyon, pour le seul éclairage des fabriques de soie et velours, 3,600 hectolitres d'huile d'olive par année.

Les huiles de Provence se vendent à la *millerolle*, qui contient environ 66 pintes de Paris, et pèse à peu près 130 livres poids de marc. Celles d'Oneille, des côtes de la rivière de Gênes et d'Italie, se vendent en barils de sept *rubs* et demi, qui font ensemble autant que la millerolle de Provence.

Droits sur les Huiles.

L'entrée et la vente des huiles sont sujettes à des droits. La loi des finances du 25 mars 1817 porte qu'il sera perçu un droit d'entrée sur les huiles dans les villes ayant au moins 2,000 âmes de population. D'après le tarif ci-joint, les entrepositaires d'huile sont soumis à toutes les obligations imposées aux marchands en gros de boissons, par la loi du 28 avril 1816 :

Dans les villes de 2,000 à 6,000 habitans, l'hectolitre d'huile d'olive paye d'entrée, au profit du trésor, 14 fr.; de toute autre huile, 7 fr.

Dans les villes de 6,000 à 15,000, 17 fr. l'huile d'olive; toute autre huile, 8 fr. 50 cent.

Dans les villes de 15,000 à 30,000, la première 20 fr., les autres 10 fr.

Dans celles de 30,000 à 50,000, 24 fr. la première, et 12 fr. les autres.

De 50,000 et au-dessus (Paris excepté), 30 francs l'une et 15 fr. les autres, toujours l'hectolitre.

A Paris, l'entrée est de 40 fr. l'huile d'olive, et de 20 fr. les autres huiles.

Tout conducteur d'huile est tenu, avant l'introduction dans le lieu soumis au droit d'entrée, d'en faire la déclaration, et d'en payer le droit si l'huile est destinée à la consommation du lieu, à peine de saisie des huiles entrées et des voitures qui les auront introduites.

Les huiles introduites dans les villes sujettes au droit d'entrée, pour les traverser seulement ou y séjourner moins de vingt-quatre heures, ne seront pas soumises à ce droit; mais le conducteur sera tenu d'en consigner ou d'en faire cautionner le montant à l'entrée, et de se munir d'un permis de passe-debout. Les huiles conduites à un marché, dans un lieu soumis au droit d'entrée, seront soumises à la même obligation. Les visites des employés chargés de constater les produits des fabriques d'huile, dans l'intérieur des villes sujettes au droit, pourront être faites de nuit et de jour, et sans l'assistance d'un officier, dans les moulins et autres établissemens où l'huile est fabriquée, pendant le moment de la fabrication.

Les entreposeurs d'huile sont soumis aux obligations imposées aux marchands en gros pour la vente des boissons, conformément à la loi du 28 avril 1816. Les fabricans de savon peuvent recevoir en entrepôt les huiles qui seront nécessaires à leur fabrication, et elles seront exemptes de droit.

La saisie et la confiscation des huiles fabriquées en fraude auront lieu indépendamment d'une amende de 100 à 200 fr.

Tarif des droits d'entrée dans les villes, imposés sur les huiles par l'art. 25 de la loi du 25 mars 1817.

POPULATION des COMMUNES.	PAR HECTOLITRE		Le droit sur l'huile d'olive sera réduit de moitié dans les départem. ci-après :
	d'huile d'olive.	de toute autre huile.	
De 2,000 à 6,000 âmes.	14 fr.	7 f. 00 c.	Alpes (Basses-). Ardèche.
De 6,000 à 15,000 âmes.	17	8 50	Aude. B.-du-Rhône.
De 15,000 à 30,000 âmes.	20	10 00	Drôme. Gard.
De 30,000 à 50,000 âmes.	24	12 00	Hérault. Pyrén.-Orient.
De 50,000 et au-des. (Paris excepté).	30	15 00	Var.
A Paris.	40	20 00	Vaucluse.

Le droit est dû à l'entrée sur toutes les huiles introduites dans Paris qui ne seront pas conduites à l'entrepôt général, quel que soit l'emploi auquel elles seront destinées, et sans aucune déduction pour fèces, sédiment ou pied d'huile. Les graines oléagineuses, telles que celles de colzat, navette, oliette, cameline et autres, sont soumises aux droits à l'entrée, d'après la quantité d'huile qu'elles sont présumées contenir, et qui sera déterminée par l'administration de l'octroi sous l'approbation de M. le préfet de la Seine.

Les huiles parfumées ou altérées par un mélange quelconque sont, suivant leur espèce, assujetties au même droit que les huiles en nature.

Les vernis et toute autre préparation à l'huile non

soumis au droit d'octroi, comme contenant de l'alcool, sont assujettis au droit de 20 fr.

Les pieds de bœufs ou de vaches provenant de bestiaux abattus hors Paris, paieront à l'entrée le même droit à raison d'un litre d'huile pour douze pieds ; le nombre de pieds inférieur à douze paiera comme pour un litre.

EAUX-DE-VIE.

Le transport et la vente sont assujettis aux mêmes formalités que les vins et autres boissons. (*Voyez* l'article *Des Vins*.)

La force et la qualité des eaux-de-vie se distinguent par le nombre de degrés que marque le pèse-liqueur qu'on plonge dedans. L'eau-de-vie de 18 degrés et demi à 22 degrés inclusivement est celle du commerce, qu'on nomme *eau-de-vie simple*, ou *preuve de Hollande*.

L'eau-de-vie de 22 degrés, soumise de nouveau à la distillation, et portée jusqu'à 32 degrés, s'appelle *eau-de-vie double*, ou *eau-de-vie rectifiée*.

L'eau-de-vie de 22 degrés, rectifiée par une ou plusieurs distillations, et portée alors à tel nombre de degrés que ce soit, prend le nom d'*esprit de vin*, ou simplement celui d'*esprit*.

La facilité que l'on a de réduire l'eau-de-vie, par un mélange d'eau, à tel degré qu'on juge convenable, l'économie que l'on trouve dans les frais de transport de l'esprit au lieu de l'eau-de-vie, déterminent un grand nombre de commerçans, qui exportent l'eau-de-vie au loin, à donner la préférence à l'esprit, qu'ils réduisent eux-mêmes en eau-de-vie lorsqu'ils sont arrivés au lieu de la vente.

On fabrique en France beaucoup d'eaux-de-vie, surtout dans les départemens méridionaux. Celles de la Saintonge, connues sous le nom d'*eaux-de-vie de Cognac* (département de la Charente), sont les plus estimées. Viennent ensuite celles d'*Armagnac* (département du Gers); mais il s'en fabrique encore dans presque tous les départemens formés de la Provence, du Languedoc, de la Touraine, de l'Aunis et de la Saintonge.

Dans tous les lieux où se fabriquent des eaux-de-vie, elles se vendent aujourd'hui à l'hectolitre, qui vaut cent litres. Ainsi, lorsque la place de Paris cote les eaux-de-vie à 100 fr., cela s'entend de 100 francs l'hectolitre. Autrefois, dans la plupart des villes où on fait de l'eau-de-vie, elles s'y vendaient aux vingt-sept veltes (1). Il n'y a que peu d'endroits où l'on fasse usage aujourd'hui de la velte.

Cependant, dans le commerce, on emploie encore cette expression pour désigner la contenance des futailles qui servent aux eaux-de-vie. Ainsi, à Bordeaux, elles se vendent en *pipes* de soixante-quinze à quatre-vingts veltes; à La Rochelle, à Cognac, à Charente, à l'île de Ré, elles se vendent en tierçons de soixante à soixante-douze veltes; à Nantes, en barriques de vingt-neuf à trente veltes, etc.

Le commerce des eaux-de-vie est généralement difficile à cause de ses variations, tantôt fortes, tantôt faibles, selon les besoins du pays où se fait l'exportation. Cependant, comme la qualité des eaux-de-vie varie peu, il est facile d'en faire le commerce en gros sans sortir de son cabinet, à l'aide de correspondans et commissionnaires qu'on a dans les villes de bonne fabrique ou dans les ports.

Les étrangers viennent dans ceux-ci enlever nos eaux-de-vie : ce sont principalement des Anglais, des Hollandais, des Hambourgeois ; ils en prennent non seulement pour leur consommation, mais encore pour exporter dans les autres États de l'Europe et en Amérique.

---

(1) La velte est l'ancienne mesure dont on se servait pour les eaux-de-vie et les esprits ; elle contient 7 litres 61 centilitres (8 pintes de Paris).

Commerce des Eaux-de-Vie.

Les eaux-de-vie se vendent plus ou moins cher, à raison de leur degré de force. On a donc établi un tarif pour en régler les prix; l'usage s'est conservé de se servir de la velte pour cette évaluation, comme on peut le voir dans le tarif suivant :

Tarif par le moyen duquel on connaît la valeur des vingt-sept veltes, de la velte et du litre des eaux-de-vie de 16 à 20 degrés, d'après le prix du 22 degrés.

Prix des 27 veltes Eau-de-vie 22 degrés.	Degré des Eaux-de-vie.	Prix des 27 veltes d'après le prix du 22 degrés.	Prix de la velte de 16 à 20 d'après le prix du 22.		Prix du litre de 16 à 20 d'après le prix du 22 degrés.	
	degrés.	fr.	fr.	c.	fr.	c.
	16	128	4	74	»	62
	17	140	5	18	»	68
	18	160	5	93	»	77
à 200 francs.	19	170	6	30	»	82
	20	180	6	67	»	87
	22	200	7	41	»	97

Le moyen à employer pour trouver le prix des 16 et 17 degrés, quand on connaît celui du 22 degrés, est de faire une réfraction de 6 pour 100 pour un degré; soustraire ensuite le produit de cette réfraction sur le prix des vingt-sept veltes du 22 degrés, et on aura le prix cherché.

Quant aux 18, 19 et 20 degrés, c'est la même opération à faire, sauf que la réfraction est de 5 au lieu de 6.

Commerce des boissons à Paris.

Nous venons de faire connaître le commerce des boissons en général pour toute la France ; on a vu qu'il est libre dans l'intérieur de Paris, et que les droits, soit *d'entrée* soit d'octroi, se paient à la barrière ou à la sortie de l'entrepôt. Ainsi il n'y a point d'exercice pour la vente et le transport en deçà des murs. Mais comme les droits sont considérables, ainsi qu'on le peut voir par le tarif ci-joint, il a été formé un entrepôt où les vins, eaux-de-vie et huiles peuvent être mis.

Cet entrepôt, qui est un des beaux établissemens de la capitale, est situé sur le quai Saint-Bernard, près du port où les vins viennent aborder à Paris. Les caves du grenier d'abondance et les magasins dits des Bernardins, sont des succursales de l'entrepôt.

Le droit d'entrepôt et d'emmagasinage pour les vins est fixé à 50 centimes par hectolitre, quelle que soit la durée du séjour, et ce droit s'acquitte à la sortie ; les caves et celliers voûtés sont loués à raison de 2 francs par an pour chaque mètre carré. Les celliers particuliers, dans les magasins supérieurs, se louent à raison de 1 franc. Le prix de cette location, indépendant du droit d'entrepôt, se paie par semestre.

Les eaux-de-vie, esprits et liqueurs, sont logés dans un magasin particulier, et paient 1 franc par hectolitre. Une ordonnance du Roi, du 17 septembre 1826, porte à 3 francs par hectolitre d'alcool pur le droit de location et de magasinage des eaux-de-vie et esprits dans l'entrepôt.

Les magasins des Bernardins sont affectés aux huiles qui paient 1 franc par hectolitre pour les huiles d'olive, et 50 centimes pour toutes les autres. L'huile à brûler, chez les opérateurs, ne paie que 25 centimes. On ne peut entreposer sous son propre nom qu'autant qu'on fait entrer au moins neuf hectolitres de vin, ou cinq hectolitres d'eau-de-vie ou liqueurs.

Tarif des droits d'entrée sur les boissons aux barrières de Paris, conformément à l'ordonnance du 4 mars 1825.

DÉSIGNATION DES OBJETS assujettis aux droits.	DROITS A PERCEVOIR, décime non compris.					
	Octroi.		Entrées		Total.	
	f.	c.	f.	c.	f.	c.
Vins en cercles (l'hectolitre).	10	50	10	50	21	»
Vins en bouteilles (le litre)..	»	15	»	15	30	»
Vinaigres de toute espèce, verjus, sureau, hièble en fruits ou en jus, vins gâtés et lies liquides ou épaisses, tant en cercles qu'en bouteilles (l'hectolitre)......	10	50	»	»	10	50
Alcool pur contenu dans les eaux-de-vie ou esprits en cercles ; eaux-de-vie et esprits en bouteilles; liqueurs, fruits à l'eau-de-vie et eaux de senteur, tant en cercles qu'en bouteilles (l'hectolitre)............	43	40	38	«	81	40
Poiré (l'hectolitre)........	6	»	5	»	11	«
Cidre et hydromel (l'hectol.).	5	»	5	»	10	»
Bière à l'entrée (l'hectol.)...	4	»	»	»	4	»
Bière à la fabrication (l'hect.).	3	»	»	»	3	»
Huile d'olive (l'hectol.). ...	40	»	»	»	40	»
Huiles de toute autre espèce provenant de substances animales ou végétales (l'hect.).	20	»	»	»	20	»

SECONDE CLASSE.

Matières premières des fabriques et manufactures.

Nous avons donné un aperçu des principales productions du sol qui sont soumises à des droits et à un régime particulier dans le commerce qui s'en fait; nous allons maintenant parler des matières premières des fabriques, seconde division des marchandises, que nous avons adoptée.

Parmi ces matières premières, nous nous arrêterons aux principales, c'est-à-dire les laines, les soies, les cotons, les chanvres et les lins. Divers réglemens leur sont applicables dans l'emploi ou le commerce qu'on en fait.

LAINES.

Elles se vendent ordinairement à des marchands par toison, en suint ou surges, c'est-à-dire sans avoir été lavées ni dégraissées. Ceux qui les achètent ainsi les font dégraisser et trier pour les vendre ensuite au poids et en balles.

Les provinces de France d'où l'on tire les meilleures laines et qui en fournissent le plus abondamment, sont les anciennes provinces de Berri, du Roussillon, le Languedoc, la Normandie, l'Orléanais, la Champagne, la Picardie.

Parmi les laines étrangères que la France tire pour ses fabriques, on remarque celles de Saxe et d'Espagne. Ces dernières font l'objet d'un très grand commerce. Les premières qualités sont les laines appelées *léonèses*, qui proviennent des troupeaux des environs de Ségovie, Madrid et du royaume de Léon. Celles qu'on nomme *ségovies* viennent ensuite; puis les laines dites *soria*, qui forment la troisième espèce. Il y a des choix et des distinctions dans la qualité de ces laines. Il y en a d'espèces plus inférieures à celles-ci. En général on donne le nom de *prime* aux laines de première qualité, comme *prime ségovie, seconde et tierce ségovie*. Les balles de première qualité sont marquées d'un R, qui signifie *refin;* celles de seconde qualité d'un F, qui veut dire *fin;* et la dernière S, qui désigne la basse qualité.

Les laines d'Espagne arrivent en France par Bayonne, Bordeaux, Nantes et Rouen.

Il est important pour ce commerce, de connaître l'ordonnance du Roi du 14 mai 1823, contenant un nouveau tarif des droits que les laines étrangères doivent payer à l'entrée du royaume.

« A dater du huitième jour après la publication de la présente ordonnance, les laines étrangères paieront, à l'entrée de notre royaume, les droits ci-après :

		Par 100 kilogr. brut.
Communes.	brutes, valant 1 fr. 20 c. ou moins, et pour celles venant en droiture des Échelles du Levant ou de Barbarie, 1 fr. 50 c. ou moins..........	30fr.
	lavées à froid, valant 2 fr. 40 c. ou moins..	75
	lavées à froid, valant 3 fr. 60 c. ou moins..	80
Fines.	brutes, valant de 1 fr. 21 c. à 2 fr. 50 c...	60
	lavées à froid, valant de 2 fr. 41 c. à 6 fr.; et pour celles venant directement des États de Rome ou de Naples, de 3 f. 50 c. à 5 f.	150
	lavées à chaud, valant 3 fr. 61 c. à 7 f. 50 c.	180
Surfines.	brutes, valant 2 fr. 51 c. ou plus	80
	lavées à froid, valant 5 fr. 1 c. ou plus....	200
	lavées à chaud, valant 7 fr. 51 c. ou plus..	240

Par suite du nouveau tarif des laines, les droits d'entrée des articles ci-après sont fixés ainsi qu'il suit :

Couvertures, 200 fr. par cent kilogrames.

Tapis, autres que de pure laine, à nœuds, 300 fr.

—— Simples, 160 fr.

Burais et crépin, 200 fr.

Passementerie de pure laine blanche, 200 fr.

—— de laine teinte ou mélangée et de fil, 250 fr.

Les laines, relativement à l'emploi qu'on en fait dans les manufactures, peuvent se diviser en deux classes. Les unes, par la facilité avec laquelle elles se feutrent, sont particulièrement propres à la fabrication des étoffes drapées. On les désigne assez généralement par le nom de *laines ondées* (1), parce qu'elles ont plus ou moins l'aspect que cette expression indique. Les autres n'ont qu'une faible disposition au feutrage, et sont principalement recherchées pour la fabrication des étoffes rases. On les connaît sous les désignations diverses de *laines peignées*, de *laines longues et brillantes*, enfin de *laines lisses*. Cette dernière dénomination étant généralement usitée, c'est celle que nous emploierons.

Pour être réputée de première qualité, il faut que la laine ondée soit douce, moelleuse au toucher; qu'elle se présente dans chaque toison en mèches composées d'un nombre de brins à peu près égal. Le brin doit être lui-même ondé uniformément sur toute sa longueur, et réunir au plus haut degré possible la finesse, le nerf et l'élasticité. Ces diverses qualités ne se rencontrent que dans la laine produite par certaines races de mérinos privilégiées, dont la pureté n'a pas été altérée par le croisement avec des races inférieures. On remarque ces qualités dans les laines d'Espagne dites *léonèses;* ce sont elles qui ont donné naissance à la belle race que l'on possède en Saxe, dont les laines sont très recherchées pour les fabriques. Il y a à Naz, arrondissement de Gex, département de l'Ain, un établissement qui fournit des laines de cette espèce, et qui soutiennent le parallèle avec celles de la Saxe électorale. On cite encore pour le même mérite, mais en seconde ligne, les laines provenant de la pile de troupeaux fondée par M. de Polignac à Outrelaise près Caen; celle du trou-

---

(1) *Procès-verbal du jury de l'exposition des produits de l'industrie au Louvre, en* 1827.

peau de Beaulieu, département de la Marne; celle de Valenton, département de Seine-et-Oise; de Bussy Saint-Georges, près Lagny, département de Seine-et-Marne; de Rambouillet; de Mardereau, département du Loiret; de Carlepont, département de l'Oise. Les laines de la classe ondée qui proviennent de ces troupeaux sont très propres aux fabriques qui exigent des belles laines de cette espèce, et rivalisent avec celles de l'établissement de Naz, comparables aux laines de Saxe.

Les laines lisses, ou longues et peignées, se distinguent particulièrement par une longueur à laquelle la *laine ondée* n'atteint pas, ou rarement; d'être *lisses*, soyeuses et douées d'un éclat qui leur est propre; d'acquérir et de conserver par le peignage un parallélisme parfait entre leurs brins; de donner un fil bien uni, exempt de peluches et de toutes aspérités; enfin de ne se prêter au feutrage qu'avec une difficulté très grande. La race des moutons qui produisent les laines lisses est très multipliée en Angleterre; elle comprend un assez grand nombre de variétés que l'on désigne par les noms des contrées auxquelles elles appartiennent.

Plusieurs agronomes distingués et des spéculateurs ont tenté de naturaliser chez nous les moutons à laine lisse; d'heureux essais font espérer que le succès couronnera leurs efforts. On cite la bergerie de Saint-Ouen, près Paris, dont les laines lisses ont mérité une médaille d'or à la comtesse du Cayla, propriétaire de cet établissement.

Après le lavage des laines, pour lequel il a été formé des *lavoirs* en différens endroits, principalement aux environs de Paris, la première et principale opération en est le filage.

Le filage de la *laine cardée*, opéré à l'aide de procédés mécaniques, s'est perfectionné depuis plusieurs années, et a permis de donner des draps à des prix très inférieurs, sans préjudice de la qualité.

L'application des mêmes procédés au filage de la *laine peignée*, a été plus tardive, parce qu'elle présente des difficultés beaucoup plus grandes. Malgré les succès des procédés mécaniques pour le filage de la laine peignée, la majeure partie de cette laine, dont les fabriques font usage, est encore filée à la main.

Si, comme on a lieu de le croire, les moutons anglais parviennent à s'acclimater en France, et y conservent les qualités qui les distinguent sur leur sol natal, la laine lisse, qui est la véritable laine de peigne, entrera dans la confection des étoffes rases.

Plusieurs fabricans ont formé des établissemens de filature à la mécanique, tant en laine mérinos peignée qu'en laine lisse.

Dans plusieurs fabriques l'opération et le décatissage des draps sont opérés à l'aide de la vapeur; il en résulte, dans le tissu, plus de douceur et de moelleux, dans la couleur plus d'éclat et de pureté.

Il existe à Paris un établissement intéressant pour le commerce des laines. C'est un dépôt et lavoir public des laines; il est sous la direction d'un jury à la tête duquel est le préfet de la Seine. Son but est de faciliter le lavage et la vente des laines, de contribuer à l'amélioration des troupeaux, de perfectionner les laines françaises. Les laines des propriétaires ou marchands y sont reçues en dépôt, soit pour être lavées ou vendues pour le compte des propriétaires. Une modique rétribution est prélevée pour couvrir les frais de l'établissement; les ventes sont garanties et des avances sont faites sur les marchandises déposées. Il existe encore, aux environs de Paris, à Saint-Denis, à Gentilly, à Suresne, à Puteaux, à Courbevoie, des lavoirs, et la plupart des *laveurs* y exploitent pour le compte d'autrui.

SOIE.

Cette précieuse marchandise sort de la routine ordinaire du commerce, et se rattache plus particulièrement aux travaux des fabriques qui l'emploient.

On lui donne des noms différens suivant les différens états où on la livre dans le commerce.

On appelle grège toute soie simplement dévidée de dessus le cocon, qui est l'enveloppe du ver qui le produit, et qui n'a reçu aucune préparation.

La soie crue ou écrue est celle qui, sans avoir été débouillie, a été retordue par l'opération du moulinage. La soie cuite est celle que l'on a fait bouillir pour en faciliter le filage ou le dévidage, opération à laquelle on a substitué la vapeur, comme nous le dirons plus bas. La soie décrusée ou décréée est celle qui a été bouillie au savon, comme préparation nécessaire au blanchîment et à la teinture.

On appelle soie de Sainte-Lucie, ou organsin de Sainte-Lucie, des soies apprêtées et moulinées que l'on tire de Messine et de quelques villes d'Italie.

L'organsin est composé de deux brins de soie grège ; il y en a de trois et de quatre, mais les plus ordinaires sont de deux brins.

Les soies en bottes sont des organsins de Sainte-Lucie, ou toutes autres soies, qui après la teinture sont mises en bottes ; chaque botte est d'environ un pied de long sur deux pouces d'épaisseur, et pèse à peu près quinze onces, poids de marc.

La France tire beaucoup de soie de l'étranger ; les provinces du royaume qui en fournissent le plus sont celles du midi. Les villes de France où s'en fait le plus grand commerce sont : Aix, Alais, Anduze, Aubenas, Marseille, Montauban, Montpellier, Nismes, Perpignan, Paris, Pézenas, Saint-Etienne, Toulouse, Valence, etc. (1)

____

(1) D'après les déclarations des registres des douanes

L'éducation des vers à soie a été perfectionnée; le tirage des cocons ou le filage de la soie a subi d'utiles changemens; il est presque généralement fait à l'aide de la vapeur : cet appareil a sensiblement amélioré la qualité des soies; on y remarque une pureté plus grande et un filage plus net.

Le ver à cocons blancs, appelé *sina*, est aujourd'hui préféré par le plus grand nombre de producteurs de soie. Sa soie est d'un blanc inaltérable, et on y obtient des couleurs plus vives que sur la soie jaune. On a remarqué aussi que cet insecte merveilleux peut être élevé dans les provinces moins méridionales de la France que celles où on croyait qu'il était circonscrit; des essais heureux ont donné des produits utiles à Dôle, et des soies grèges qui avaient été récoltées à Moulins, à Strasbourg et à Paris, ont été vues à l'exposition de 1827.

Le filage de la *bourre de soie* n'est pratiqué en France que depuis peu d'années. La consommation des étoffes qui en proviennent augmente assez sensiblement, et on compte plusieurs établissemens qui s'occupent de cet article.

TROISIÈME CLASSE.

DENRÉES COLONIALES.

Nous avons expliqué la raison pour laquelle nous nous bornons ici à un petit nombre de denrées coloniales des plus importantes, renvoyant le lecteur, pour ce qui concerne les droits qu'elles paient à

------

on a importé en France, pendant l'année 1825, pour 33,314,799 francs de soies étrangères; et, en 1826, pour 39,668,673 francs, en cocons, bourre, soie grège et moulinée.

l'importation ou les primes dont quelques unes jouissent à l'exportation, au chapitre *Des Douanes*, dans le *commerce extérieur.*

Il ne sera donc question dans cet article que des sucres, des cafés, des cacaos et de l'indigo.

SUCRES.

Le sucre sorti de la canne, par le moyen d'un moulin qui l'écrase, reçoit dans le commerce différens noms, suivant les opérations qu'il a subies.

Le *sucre brut* est nommé, sur les lieux qui le produit, *moscouade*, et en Europe, *cassonnade brute;* c'est le produit du jus de la canne après qu'il a été lessivé, cuit et cristallisé. Il devient blanc en le purifiant. Il y a différentes méthodes d'extraire et de purifier le suc dont nous ne parlerons pas.

La bonté du sucre brut consiste en ce que le grain soit gros, clair et tirant sur le blanc, dur, sec et bien purgé de sirop.

Le *sucre terré*, que l'on nomme cassonnade blanche, est celui qu'on a retiré immédiatement du jus de la canne, et qui, après avoir été purgé, a encore été terré, puis séché à l'étuve, opérations qui ont pour objet de le purifier entièrement et de le blanchir.

On fait subir encore une opération au sucre pour compléter le terrage et lui donner le degré de pureté nécessaire pour mériter le nom de *sucre tête.* Les sucres terrés et sucres têtes pilés et réduits en poudre ont aussi le nom de *cassonnade blanche.*

Cette cassonnade, arrivée en France, y est en partie employée à l'état brut par les confiseurs et les pharmaciens; ils s'en servent aussi en détail pour la consommation populaire, ainsi que du sucre brut.

Le *sucre raffiné*, que l'on nomme *sucre en pain*, est celui auquel, par divers procédés particuliers à chaque raffinerie, on a donné la blancheur, le brillant, la netteté, la dureté, la forme qui le fait préférer aux autres. On donne quelquefois le nom de *sucre royal* à celui qui a subi un ultérieur raffinement qui lui donne une qualité sonore très dure, translucide et d'une blancheur parfaite.

Les principaux lieux d'où le commerce tire les sucres aujourd'hui sont : la Martinique, la Guade-oupe, le Brésil, la Havane, Cayenne, l'île Bour-.son, Java, Surinam, Démérari, Saint-Christophe, Sainte-Lucie, la Chine, Formose, le Bengale. La beauté et l'aspect des sucres de ces trois derniers lieux les dispensent de passer au raffinage, et les rendent aussi propres que les sucres terrés à être employés à tous les usages domestiques. Ils reviennent, rendus en France, à 32 fr. le quintal, de 100 livres ou 50 kilogrammes, prix d'achat et transport.

Droits sur les sucres.

Les sucres étrangers raffinés sont prohibés, et ceux raffinés en France jouissent d'une prime d'exportation par l'ordonnance du Roi du 15 janvier 1823; elle porte « que la prime d'exportation pour les produits obtenus du raffinage des sucres étrangers qui auront été rapportés par navires français hors d'Europe, et pour lesquels on justifiera, par des quittances délivrées aux raffineurs eux-mêmes, avoir payé les droits établis par la loi du 27 avril 1822, est fixée ainsi qu'il suit :

« La prime des sucres raffinés avec les matières provenant des colonies françaises, continuera d'être acquittée au taux et d'après les règles établies par la loi du 7 juin 1820.

« Les vérifications auxquelles les jurés doivent procéder, conformément à l'article 8 de la loi du 27 juillet 1822, devront se faire partout où il existe des bureaux de douanes concurremment et simultanément avec celles dont les employés de l'administration sont chargés, et dans le même local. »

Tarif des primes pour les sucres étrangers rapportés en France par navires français, et raffinés en France, à l'exportation à l'étranger.

ESPÈCES DE SUCRES QUI ONT SUBI LE RAFFINAGE.			QUOTITÉ du droit d'entrée.		PRIMES DE SORTIE, PAR 100 KILOGRAMMES.							
					Sucres raffinés				Vergeoises en cassonnade.		Mélasses.	
					fins, *dits* 4 cas. en pains au-dessous de 6 kilogr.		en gros pains de nuances egales.					
			fr.	c.	fr.	c.	fr.	c.	fr.	c.	fr.	c.
Bruts autres que blancs.	De l'Inde.	Des établissemens français........	93	50	136	25	119	95	54	50	18	52
		Des comptoirs é- trangers........	99	»	144	25	127	84	57	68	19	61
	D'ailleurs hors d'Europe.	Havane et Brésil...	104	50	154	47	149	30	61	72	21	»
		Autres crûs des Antilles et du continent d'Amériq..	104	50	149	72	131	54	59	80	20	35
Blancs ou terrés sans distinction de nuances.	De l'Inde.	Des établissemens français........	110	»	150	53	132	58	60	28	20	47
		Des comptoirs é- trangers........	115	50	158	15	139	21	63	21	21	47
		De toutes les contrées d'Amériq. sans distinction.	126	50	159	50	140	57	63	15	22	70

L'article 4 de la loi sur les douanes, du 7 juin 1820, porte « que la prime de sortie des sucres de canne raffinés sera portée de 90 fr. à 110 fr. pour les pains entiers de 6 kilogrammes et au-dessous, et de 60 à 80 fr. pour ceux au-dessus de 6 kilogrammes. »

Le taux de cette prime, qui doit couvrir le droit d'entrée de la matière première, a été déterminé par le calcul des déchets en mélasse et en vergeoise, que chaque genre de raffinage entraîne. La fabrication, dans les petites formes, exige beaucoup plus de temps pour l'épuration, entraîne un déchet plus considérable et fournit du sucre plus dépouillé de mélasse, plus concret et mieux cristallisé, que celle opérée dans les grands moules, et qui donne les gros pains appelés *lumbs*.

L'article 19 de la loi des douanes du 17 juillet 1822, porte « qu'il y aura près du ministre de l'intérieur trois commissaires-experts chargés de statuer sur les doutes et difficultés qui peuvent s'élever relativement à l'espèce, l'origine ou la qualité des produits, soit pour l'application des droits, des primes et priviléges coloniaux, soit pour la suite des instances qui ne sont point dévolues au jury créé par l'article 39 de la loi du 28 avril 1816. » C'est du premier de ces jurys que parle l'ordonnance ci-dessus.

CAFÉS.

Cette féve forme l'objet d'un très grand commerce, et le plus considérable sans contredit, après celui du sucre, dans les denrées coloniales. On connaît l'arbre qui la produit, et ce n'est pas ici le lieu d'entrer dans sa description.

On sait que la quantité que la France en retirait de ses colonies, avant la perte de Saint-Domingue et les changemens survenus dans ce commerce, s'élevait à 82 millions de livres pesant. Quelques économistes, qui se sont occupés de cette matière, prétendent que la consommation du café n'est plus si forte aujourd'hui en Europe qu'il y a trente ans. Ils ont calculé qu'en 1819 les approvisionnemens du café, dans cette partie du monde, ont diminué de 37,257,000 livres pesant, sur 69,378,000 qu'ils étaient précédemment; par conséquent on aurait consommé cette année-là 32,123,000 livres de café; ce qui, en calculant la population européenne à 160 millions d'individus, forme une consommation de quatre livres un quart par tête. Mais il est difficile d'asseoir des bases certaines d'estimation de l'approvisionnement exact sur ces données.

Les principales sortes de cafés, dont la France fait commerce, sont ceux du Levant, d'Amérique et de Bourbon.

Dans les premiers se trouvent le café Moka, supérieur à tous les autres. On sait qu'il se récolte dans l'Arabie-Heureuse, sur des montagnes et dans des vallées plantées de cet arbre précieux. On estime qu'il en passe en Europe, annuellement, deux millions de livres pesant. Ce sont des Arabes qui font ce commerce par le port de Moka. Ils le vendent à des Turcs qui le conduisent, soit sur de petits bâtimens, soit par des caravanes, au Caire, à Smyrne, à Alep, à Alexandrie, où, vendu pour la seconde et troisième fois à des commerçans européens, il est embarqué pour différentes destinations.

Dans les achats de cafés, de quelque pays qu'ils proviennent, on doit faire attention à ce que le grain, gros ou petit, soit bien sec, bien nourri, qu'il n'ait point une odeur de moisi, qu'il se casse difficilement sous la dent, et qu'il ne laisse point dans la bouche une odeur âcre.

Le café Moka se vend en balles de trois cents, trois cent cinquante et quatre cents livres pesant, pour lesquelles on accorde dix-sept, dix-neuf, vingt et une livres de tare, et 2 pour 100 d'escompte de paiement.

Le café d'Amérique se vend en sacs, sur lesquels on accorde 2 pour 100 de tare, ou en barriques, que l'on tare net; l'escompte de paiement est de 2 pour 100.

Le café Bourbon se vend en balles, sur lesquelles on accorde quatre livres pesant de tare, et un demi pour 100 d'escompte de paiement.

Droits sur les cafés.

Les cafés provenant des colonies françaises au-delà du cap de Bonne-Espérance, paient de droit d'entrée, par 100 kilogrammes net, 50 fr., et des colonies en deçà du cap, 60 fr. pour la même quantité.

Le café provenant des établissemens français de l'Inde, la même quantité paie 70 fr., et des comptoirs étrangers de l'Inde, 85 fr. par navires français, et 105 fr. par navires étrangers;

Provenant d'ailleurs, hors d'Europe, par navires français, 95 fr., et par navires étrangers, 105 fr.;

Provenant des entrepôts, par navires français, 100 fr., et par navires étrangers, 105 fr., toujours pour 100 kilogrammes net;

Le droit d'exportation n'est que de *balance*, 25 centimes.

Aux droits d'entrée, que nous venons d'indiquer sur les cafés, il faut ajouter le *décime* par franc; ainsi les sommes indiquées doivent être augmentées d'un dixième pour chaque espèce.

CACAOS.

Après le sucre et le café, le cacao est une des denrées coloniales qui offrent la matière d'un commerce important.

On distingue dans le commerce dix sortes principales de cacaos, portant les noms des endroits qui les produisent, savoir : cacao de *Soconusco*, de *Ca-*

raque ou *Caracas*, de *la Trinité*, de *Guayaquil*, de *Maragnan*, de *Berbice*, de *Surinam*, de *Cayenne*, de *Bourbon*, de *la Martinique* ou des *Iles*. Bornons-nous aux principales.

Le cacao caraque, qui croît dans la province de Venezuela, autrement connue sous le nom de *côte de Caraque*, dans la Nouvelle-Grenade, est de toutes les espèces la meilleure et la plus estimée, comme on vient de le remarquer. Quand il est bien mûr, la fève est de la grosseur de l'olive, de forme très grosse, convenablement amère, et toujours préférable au cacao des Antilles, auquel il ressemble en beau.

Une marque distinctive, à laquelle on reconnaît le véritable cacao caraque, c'est sa pellicule communément parsemée de petites paillettes brillantes; ce sont des parcelles de mica, dont le terrain sablonneux du pays où il croît est ordinairement rempli, et que l'on prend soin de mêler et jeter sur les amendes mises au travail de la fermentation. Quoiqu'une très grande partie de ces paillettes de mica soient détachées et enlevées par le mouvement du transport, il en reste encore assez pour donner à la couleur grise de la pellicule cette teinte argentine dont on vient de parler, et qui distingue cette espèce.

Les cacaos fins de Maracaïbo, de Sainte-Marthe, de l'île de la Trinité, sont ceux qui approchent le plus du caraque en qualité.

Le cacao de Guayaquil (au Pérou) ne ressemble au caraque que par la couleur; les fèves en sont grandes, plates et épaisses, d'une forme un peu arrondie, avec peu de poussière sur la peau, qui est lisse et unie; à l'intérieur, la chair, d'un rouge foncé et obscur, a un goût d'amertume qui, cependant, n'a rien de désagréable.

Le cacao de *Cayenne* est communément plat, allongé, pointu par un des bouts, a la peau luisante;

il est de couleurs différentes, comme rouge pâle, rouge foncé, et gris, mais plus particulièrement de cette dernière couleur. La fève est dure, difficile à casser, a une chair tirant plus sur le brun que sur le rouge, d'un goût âcre, portant une odeur de tan, de fumée, difficile à faire disparaître dans sa manipulation; mais il est plus nourri d'huile concrète que beaucoup d'autres.

Le cacao des *îles Antilles* ressemble beaucoup à celui de Cayenne; mais, en général, sa coque est plus rouge qu'à ceux-ci. On distingue le cacao de Saint-Domingue de ceux de la Martinique et de la Guadeloupe, en ce que le grain en est plus rond, et que ces derniers sont plats, maigres et allongés; celui de la Martinique se distingue par une teinte plus claire que le Guadeloupe, et en général le Saint-Domingue l'emporte sur ces deux espèces.

Le cacao de *Bourbon* est peu recherché; il a la même forme que celui de Caraque, mais beaucoup plus petite. Il est luisant, d'un rouge de cannelle jaspé de taches; son goût est vineux et revêche; à la torréfaction, il dégage des exhalaisons acides, mais qui disparaissent à une cuisson à un feu modéré et prolongé. Alors employé par moitié dans la confection du chocolat, il donne une excellente pâte, de belle couleur et de bonne qualité. (Voyez le chapitre *Des Douanes*, pour les droits que supportent les cacaos.)

INDIGO.

C'est la fécule d'une plante tinctoriale qui croît en Amérique et aux Indes Orientales, et dont le commerce est d'une grande importance pour les teintures des étoffes.

Les endroits d'où viennent les indigos sont surtout les Indes, Java, le Bengale, le Brésil, les provinces de Caracas, de Guatimala, dans l'Amérique méridionale, la Guyane, Saint-Domingue, la Guadeloupe et quelques îles Antilles. Aujourd'hui, les Indes Orientales fournissent peu d'indigo ; les commerçans préfèrent celui d'Amérique. Bayonne, Bordeaux, La Rochelle, Nantes, le Havre, Rouen, sont les villes qui approvisionnent le commerce français d'indigo d'Amérique.

Cette production exotique doit être choisie en morceaux plats, minces, secs, légers, nageant sur l'eau, s'enflammant promptement au feu, d'une moyenne dureté, se cassant net sans se réduire en poudre, d'une belle couleur bleue violette, parsemée en dedans de quelques paillettes argentées, qui paraissent rouges en les frottant sur l'ongle.

On falsifie l'indigo en y mêlant de la râpure de plomb pour lui donner du poids ; la pesanteur qui, dans ce cas, l'empêche de surnager lorsqu'on le met dans l'eau, suffit pour faire connaître la fraude. On le falsifie encore en y ajoutant de la cendre, des terres colorées, de l'ardoise en poudre : pour découvrir cette fraude, on fait infuser dans l'eau un morceau d'indigo ; s'il est pur, il se dissout en entier ; s'il est mélangé, la matière étrangère se précipite au fond du vase. Enfin, on falsifie l'indigo en mélangeant plusieurs qualités d'indigo : cette fraude est la plus difficile à découvrir ; elle est aussi la moins fâcheuse pour l'emploi qu'on en peut faire dans la teinture.

Conformément au tarif du 28 avril 1816, les indigos paient de droit d'entrée par kilogramme, savoir : par navires français venant des colonies françaises, 1 franc ; venant de l'Inde, 1 fr. 50 cent. ; d'ailleurs, mais hors d'Europe, 1 fr. 75 cent. ; des entrepôts d'Europe et de la Méditerranée, 2 fr. ; par navires étrangers, 2 fr. 25 c.

COTONS.

On sait assez que cette matière, que nous pourrions ranger parmi les produits coloniaux, est une des plus universellement employées dans les fabriques d'étoffes.

Un réglement particulier détermine le mode sous lequel le coton doit être filé et livré sous cette forme au commerce; nous en parlerons plus bas.

La plus grande partie du coton que l'on emploie en France vient de l'Amérique, du Levant et de la Grèce. Celui qu'on tire d'Amérique se désigne sous le nom du lieu d'où il est tiré, et chaque endroit en fournit d'une espèce et d'une qualité différentes. Le Maragnan est d'une grande blancheur, fin, soyeux, long, facile à filer et propre à toutes sortes d'ouvrages; ces qualités le font considérer comme le premier coton d'Amérique. Le Cayenne, par sa blancheur, sa douceur et sa longueur, tient le second rang; lustré comme la soie, on l'emploie de préférence pour la fabrication des belles étoffes, de la bonneterie et des velours de coton. Le Saint-Domingue est blanc, uni; on l'emploie également pour la fabrication des belles étoffes. Le Surinam est très pur et fort recherché, mais pas autant que le Fernambouc, qui est du même rang que le Marignan; le coton de la Guadeloupe jouit de moins de réputation qu'aucun de ceux d'Amérique.

Tous ces cotons se vendent en balles du poids de cinq cents livres (poids de marc), à l'exception du Maragnan, dont les balles ne pèsent que cent cinquante à cent quatre-vingts livres. Bordeaux, Nantes, le Havre et Rouen, sont les villes où il se fait le plus grand commerce des cotons d'Amérique.

La tare des balles de coton est de quatre livres par balle sans cordes et de huit livres avec cordes; pour l'escompte, il est accordé 3 pour 100.

Les cotons du Levant ne jouissent pas de la même réputation que ceux d'Amérique; ils sont plus courts, moins nets, plus durs, et souvent remplis de petits bouchons ou nœuds, qui ne tombent point en le cardant.

Les villes d'où se tirent les cotons du Levant sont Alexandrie, Alep, Nicosie, Smyrne, Saint-Jean-d'Acre.

Tous ces cotons se vendent en balles du poids de deux cent cinquante à trois cents livres. Marseille est presque la seule ville de France qui en fait le commerce et approvisionne les manufactures qui en font usage.

La tare du coton du Levant est de 4 pour 100 pour les balles en toile; 6 pour 100 pour les emballages en jonc ou crin; pour l'escompte il est accordé 3 pour 100. (Voyez, pour les droits de douanes, le chapitre *Des Douanes.*)

L'emploi du coton en laine, dans nos manufactures, a pris un accroissement considérable depuis que l'on fait usage de mécaniques pour le filer. La prohibition à l'entrée en France des étoffes de coton et des cotons filés étrangers, a contribué beaucoup au développement de cette industrie.

Un décret du 5 septembre 1810 a fixé la division en écheveaux des fils de coton; nous en parlons dans les *réglemens des manufactures.* Ce réglement veut que l'échevette de coton soit de cent mètres de longueur, et que l'écheveau soit de dix échevettes, et par conséquent de mille mètres. Le numéro dont les fils sont étiquetés indique le nombre d'écheveaux que pèse un kilogramme du coton du n° 120, et celui dont un kilogramme fait cent vingt mille mètres (cent vingt écheveaux ou mille deux cents échevettes). Nous ne faisons qu'indiquer ici ce réglement; nous en parlerons quand il sera question de la filature du coton dans la partie des manufactures.

CHANVRE ET LIN.

Ces deux productions du sol français fournissent à de nombreuses fabriques, et sont l'objet d'un commerce important. Nous en parlerons encore dans la partie des manufactures, sous le rapport du filage, et de l'emploi dans la fabrication des toiles.

Nous tirons des quantités considérables de chanvre de Riga. Son utilité aurait déterminé le gouvernement à l'exempter de droits à l'entrée, et à en prohiber la sortie ; mais cette prohibition a été levée.

Les réglemens faits pour la confection des écheveaux de coton ont été appliqués au chanvre et au lin, pour en régler la filature et le nombre de mètres que renferme chaque écheveau filé.

Le lin produit un fil qui sert à fabriquer de belles toiles, et une graine employée à faire de l'huile grasse utile dans les arts et les compositions chimiques. Quoiqu'une grande partie des provinces de France soient très abondantes en lin, le commerce en tire cependant encore beaucoup de l'étranger, particulièrement de Dantzick, de la Russie, de la Hollande, du Levant et même de l'Égypte. Ceux de Riga passent pour les plus beaux.

Les lins, soit nationaux, soit étrangers, se vendent au poids ou crus et en masse, ou préparés et prêts à filer, ou en *cordons* de quinze à vingt-cinq à la livre.

Les lins les plus estimés du crû de France, sont ceux de Flandre ; on distingue particulièrement trois endroits dans les environs de Douai, c'est-à-dire Hines, Bouvignée et Saurnain, où les qualités sont supérieures ; il en sort des quantités considérables pour le commerce ; la Picardie en fournit aussi de bonne qualité. Ceux de Normandie et de la Bretagne tiennent le second et le troisième rang pour la bonté et la beauté.

On fabrique des huiles de graine de lin à Abbeville, Angers, Dieppe, Douai, Fécamp, Lille, etc. ; elles forment l'objet d'un fort commerce, mais qui ne doit pas nous occuper ici.

CHAPITRE II.

DES USAGES DANS LA VENTE ET L'ACHAT DES MARCHANDISES.

Les usages ne sont pas les mêmes sur toutes les places, mais il serait trop long de les réunir tous ici ; d'ailleurs on y suit assez généralement ceux de la place de Paris, qui est le centre et la règle du commerce français.

Dans l'exposé que nous allons faire des usages qui s'y observent, nous suivrons la nomenclature des professions commerciales ou industrielles ; cette méthode nous a paru offrir plus d'intérêt que l'ordre alphabétique des denrées et marchandises.

Usages de la place de Paris pour la vente des marchandises, indiqués par nature des professions qui les travaillent ou en font commerce.

AMIDONIERS.

AMANDES cassées. On accorde 2 p. 100 de tare (1) sur cet article, emballage simple ; escompte, 3 p. 100.
— en futailles. Cet article se vend tare nette,   *id.*
— en coques. La tare est de 4 p. 100 en deux emballages, dont un mince en paille ; esc.,   *id.*
AMIDON (l'). Se vend tare nette ; escompte, 2 p. 100.

COMESTIBLES.

FIGUES sèches. Se vendent par caissetin, avec 5 hecto de tare ; escompte,   2 p. 100.

---

(1) On appelle *tare* une convention faite entre le vendeur et l'acheteur, par laquelle il est accordé au dernier une remise sur le prix de la marchandise, à raison de quelques défauts ou pour l'indemniser du surpoids des emballages.

Morue. Se vend en baril ; escompte, 2 p. 100.

Oranges et citrons. Se vendent à la caisse, sans esc.

Nota. Le commerce de Paris accorde sur cet article 2 et 3 p. 100 d'escompte.

Pistaches. Se vendent tare nette ; esc., 2 p. 100.

Prunes d'Ante. Se vendent en caisse, tare marquée ; escompte, 2 p. 100.

Raisin sec. En boîte, sans tare ; esc., 2 p. 100.

—Par caissetin, la tare est de 50 décag. ; esc., 2 p. 100.

— Par caisse, la tare est de 1 kil. ; esc., 2 p. 100.

CORDIERS.

Chanvre. Cet article se vend sans tare, à 4 mois, ou avec l'escompte de 2 p. 100.

COTONS EN LAINE.

Berbiche. Pour les balles de 50 kil. et au-dessous, 6 kil. p. 100 de tare ; escompte, 3 p. 100.

— Emballage naturel et simple, sans pièce ni corde, 4 p. 100 de tare ; escompte, 3 p. 100.

Bourbon. Simple natte, sans liens ni corde, 6 kil. p. 100 de tare ; escompte, 3 p. 100.

Brésil. Mêmes usages que ci-dessus. *id.*

Caraque. Par ballot en cuir de 50 kil. et au-dessous, 6 kil. de tare ; escompte, *id.*

— Par ballot de 70 à 75 kil., 7 kil. de tare ; esc., *id.*

— Par ballot de toile de 50 kil., simple emballage sans corde, 4 p. 100 de tare ; escompte, *id.*

Caroline La tare accordée est de 6 kil. p. 100, cordes d'origine comprises, de 4 à 6 tours ; et pour balles avec cercles, même tare ; esc., *id.*

Castellamare (Pouille). La tare est de 4 p. 100 simple emballage sans corde ; escompte, *id.*

Carthagène. Simple toile, natte, 6 kil. p. 100 de tare ; escompte, *id.*

Cayenne. Tare, 4 p. 100, avec emballage naturel, sans pièce ni corde ; escompte, *id.*

Cayenne. Pour les balles de 5o kil. et au-dessous,
6 p. 100 de tare ; escompte,   3 p. 100.
Chypre (Coton de). 6 kil. p. 100 de tare, emballage
en toile, avec coins ; escompte,   *id.*
Cumana. Tare accordée, 4 p. 100 par ballot en toile
de 5o kil., emballage simple sans corde ; 7 kil. par
ballot en cuir de 70 à 75 kil. ; et 6 kil. par ballot de 5o kil. et au-dessous ; escompte, 3 p. 100.
Démérary. 6 kil. p. 100 de tare pour les ballots de
5o kil. et au-dessous, et 4 p. 100, emballage naturel et simple, sans corde ni pièce ; esc., 3 p. 100.
Géorgie. 4 p. c. en balles, et en ballots de 5o kil. et
au-dessous, 6 p. 100 de tare ; esc. ,   3 p. 100.
Giron. Emballage simple , 4 p. 100 de tare, et 1 kil.
par balle pour liens intérieurs et joncs ; esc., 3 p. 100.
Guadeloupe et Saint-Domingue. La tare accordée par
ballot de 5o kil. et au-dessous, est de 6 p. 100, et
de 4 kil. par balle ; escompte,   3 p. 100.
Guyane. La tare en usage est de 4 kil. p. 100, par
balle en toile de 5o kil., simple emballage sans
corde ; elle est de 6 kil. p. 100 par ballot en cuir de
5o kil. et au-dessous, et de 7 kil. par ballot de 70
à 75 kil. ; escompte,   3 p. 100.
Kirkagach. Pour emballage en crin, sans corde, la
tare est de 6 kil. p. 100 ; escompte,   *id.*
Louisiane. La tare est de 6 kil. p. 100, cordes d'origine comprises, de 6 à 8 tours, et pour les balles
avec cordes, même tare ; escompte,   *id.*
Macédoine. On accorde 6 p. 100 de tare, sans jonc
intérieur, et 1 kil. par balle pour les têtes en jonc,
lorsqu'il y en a ; et, pour toute tare intérieure en
jonc, 10 kil. et demi par balle ; escompte,   *id.*
Motrile. Simple emballage en toile, 4 kil. p. 100 de
tare ; escompte,   *id.*
Salonique (Coton de). La tare accordée est de 6 p.
100 pour emballage en crin, sans corde ; escompte,   *id.*
Souboujac. Tare, 4 p. 100, emballage en toile, sans

corde ; et pour emballage en crin, sans corde,
6 kil. p. 100 ; escompte,   3 p. 100.

Smyrne. Emballage en crin, 6 kil. p. 100 de tare ; escompte,   *id.*

Surate. Avec les cordes, 8 kil. p. 100 de tare ; escompte,   *id.*

Surinam. Tare, 4 p. 100, emballage naturel et simple,
sans cordes ni pièces, et 6 p. 100 de tare pour les
balles de 50 kil. et au-dessous ; escompte,   *id.*

COTON FILÉ.

Cet article se vend, à partir du n° 30, avec 10 cent.
de progression par numéro ; et 5 cent. de diminution par n° pour les Mull-Jenny ; et 15 cent. d'augmentation par n°, et 10 cent. de diminution par
n° pour les continue. (1)

COULEURS.

BISMUTH, ou étain de glace. Cet article se vend tare
nette, avec escompte de   3 p. 100.

BLEU DE PRUSSE. Se vend tare nette ; esc. 3 p. 100.

BOIS DE TEINTURE, en bûche, sans tare ; esc. 3 p. 100.

— Effilé, en balle, 2 p. 100 de tare, emballage
simple ; escompte,   3 p. 100.

— En futaille, se vend tare nette ; esc.,   3 p. 100.

CÉRUSE de Hollande. Cet article se vend tare marquée ; escompte,   3 p. 100.

CIRE BLANCHE ET JAUNE. Cette denrée se vend tare
nette ; escompte,   2 p. 100.

COCHENILLE. On vend cet article tare nette ; escompte,   2 p. 100.

COLLE forte et colle de poisson. Se vendent tare
nette, sous l'escompte de   2 p. 100.

COUPEROSE verte. La tare accordée est de 10 p. 100 ;
l'escompte est de   3 p. 100.

---

(1) **Voyez** dans la partie des manufactures le chapitre du
Coton.

EMERI en pierre. Se vend tare nette ; esc., 3 p. 100.

EPONGES. Tare nette ; escompte, 3 p. 100.

ESSENCE de térébenthine. Tare nette ; esc , 2 p. 100.

ETAIN. Se vend tare nette ; escompte, 3 p. 100.

GARANCE. Se vend tare marquée ; escompte, 3 p. 100.

GAUDE. Se vend tare nette ; escompte, 3 p. 100.

GRAINE d'Avignon. En balle, simple toile, on accorde sur cet article une tare de 2 p. 100 ; l'escompte est de 3 p. 100.

HUILE de vitriol. Se vend tare nette ; esc., 3 p. 100.

INDIGO. Caraque. On accorde par suron de 50 kil. environ 7 kil. de tare ; escompte, 3 p. 100.

— Bengale, Brésil, Caroline, Ile-de-France, Java, Louisiane, Manille et Saint-Domingue, se vendent tare nette ; escompte, 3 p. 100.

— Guatimala. Se vend par demi-suron de 30 kil. sur lesquels on accorde environ 7 kil. de tare ; escompte, 3 p. 100.

Lorsqu'il est vendu par deux tiers de suron de 70 à 80 kil., on jouit de 9 kil. de tare, même escompte ; par trois quarts de suron de 85 à 90 kil., la tare accordée est de 10 kil., même escompte ; et par suron de 100 à 112 kil., la tare est de 11 kil. ; escompte, 3 p. 100.

LITHARGE. La tare accordée est de 5 p. 100 en baril de bois mince ; escompte, 3 p. 100.

MANGANÈSE. Se vend avec une tare de 5 p. 100 en barrique de 5 à 600 kil. ; escompte, 3 p. 100.

MINIUM. En pièces de bois mince, la tare est seulement de 4 p. 100 ; escompte, 3 p. 100.

Minium. En pièce de bois épais, on accorde 8 pour 100 de tare ; escompte, 3 p. 100

OCRE. Cet article se vend avec tare de 10 p. 100 ; escompte, 2 p. 100.

ORPIMENT. Se vend tare nette ; escompte, 2 p. 100.

PASTEL. Se vend tare nette ; escompte, 3 p. 100.

PEAU de chien de mer. Cet article se vend à la pièce ; escompte, 3 p. 100.

Potasse d'Amérique, dite Perlasse, de Dantzick, d'Italie et de Russie. Se vendent avec tare de 12 p. 100; escompte,   2 p. 100.

— D'Allemagne, de Bohême, de Hongrie et du Rhin. Se vendent tare nette; escompte,   2 p. 100.

Résine. Se vend en barrique, tare nette; escompte,   2 p. 100.

— En balle : on jouit d'une tare d'un kilogramme; escompte,   2 p. 100.

Rocou de Cayenne. On accorde sur cet article une tare de 16 p. 100 pour le bois, et une de 4 p. 100 pour les feuilles; escompte,   3 p. 100.

Safran d'Espagne. Se vend tare nette; esc., 2 p. 100.

— De Gatinois. Se vend tare nette; esc.,   1 p. 100.

Safranum d'Espagne. Se vend tare nette; escompte,   3 p. 100.

— Du Levant. On accorde 10 p. 100 de tare sur cet article en cabas recouvert d'une toile simple; et 2 p. 100 de tare par ballot avec emballage léger et simple; escompte,   3 p. 100.

Sandaraque. Cet article se vend tare nette; escompte,   2 p. 100.

Soie de porc. Cet article se vend tare nette; escompte,   2 p. 100.

Soude en barrique. Se vend tare nette; et en balle avec toile, la tare accordée est de 16 kil.; mais quand il n'y a pas de toile, il n'est accordé que 15 kil.; escompte,   2 p. 100.

Térébenthine de Bordeaux. Cet article se vend à la barrique; escompte,   2 p. 100.

— De Venise. Se vend tare nette; esc.,   2 p. 100.

Tripoli. On accorde 10 p. 100 sur cette denrée; escompte,   2 p. 100.

Verdet sec. Les poches se pèsent brut pour net; escompte,   2 p. 100.

Vermillon. Cet article se vend tare nette; escompte,   2 p. 100.

Vitriol de Chypre. Se vend tare nette; esc., 2 p. 100.

CUIRS.

Cuir sec, de chevaux. Se vend sans tare ; l'emballage se paie moitié ; escompte,   3 p. 100.

— vert, de Paris. Se vend au poids marqué, sans escompte,

— salé, de Paris. Mêmes usages.

Veau des abattoirs de Paris, et salé, se vend au poids et sans escompte.

Veau vert, salé, de France. Se vend au poids, avec escompte de   2 p. 100.

— sec, salé, de Hollande et Pays-Bas, aussi au poids ; escompte,   2 p. 100.

— sec, se vend à l'oreille, au poids, à la pesée, à l'orge, en croûte, lisse et corroyé, au poids ; escompte,   2 p 100.

Cuir en poil, d'Amérique, sec. Se vend avec 6 p. 100 de peaux de taureaux, sans tare ; escompte,   3 p. 100.

DISTILLATEURS.

Eau-de-vie. Cette denrée se vend à l'hectolitre ou au dépotage, à frais communs, sous l'escompte de   2 p. 100.

Observations sur les usages suivis pour la vente et la livraison des eaux-de-vie.

Les esprits et les eaux-de-vie se vendent par 27 veltes (1) et au dépotage, avec remise de 2 ou 3 p. 100, conditionnellement.

Les frais du dépotage se paient de moitié par le vendeur et l'acquéreur.

Les pièces doivent être livrées en bon état, c'est-

____

(1) La velte vaut 7 litres 61 centilitres ; par conséquent 27 veltes font 205 litres 41 centilitres.

à-dire sans manque de talus ni cercles, et de manière à pouvoir être roulées sans couler.

Les eaux-de-vie et esprits doivent être reconnus avant le dépotage; les différends qui pourraient s'élever tant sur le degré que sur la qualité du liquide, seront jugés sur-le-champ par des experts.

Si on prend livraison à l'entrepôt, le vendeur est tenu de faire transporter à ses frais les pièces au dépotoir.

Si la livraison a lieu hors de Paris, le dépotage se fait à frais communs.

Un marché se trouve consommé par le remplissage des pièces, ce qui a toujours lieu après le dépotage.

L'acquéreur a le droit de refuser soit les $\frac{3}{6}$, ou les eaux-de-vie, si lors de la livraison il ne les trouve pas droits en goût; mais si les experts auxquels on aura soumis cet arbitrage ne décident pas une réfraction de plus de 3 p. 100, on ne pourra refuser de prendre les pièces.

Les esprits $\frac{3}{6}$ ne peuvent être refusés à 33 degrés, et les $\frac{3}{7}$ à 34 $\frac{3}{4}$.

Quand la faiblesse du liquide excède $\frac{1}{2}$ degré, la réfraction se fait à 3 p. 100 de la valeur pour un degré.

On reçoit à 31 degrés, sans réfraction, les $\frac{6}{11}$, et à 29 les $\frac{3}{5}$. On peut les recevoir aussi à un titre inférieur, moyennant une réfraction de 4 p. 100 par degré.

Quand on prend livraison de $\frac{3}{5}$, $\frac{3}{6}$, $\frac{3}{7}$ et $\frac{6}{11}$, la surforce du degré ne se paie pas; mais chaque pièce est pesée séparément. On fait un échantillon commun des fûts faibles de degré, et le titre de cet échantillon sert à régler la réfraction.

On vend à 22 degrés, avec 4 p. 100 en sus pour chaque degré, le $\frac{4}{5}$ qui porte de 23 $\frac{1}{2}$ à 24, et le $\frac{2}{3}$ qui porte de 26 à 26 $\frac{1}{2}$. Ils sont recevables au-dessus, n'importe la force ou la faiblesse du titre.

Pour déterminer le degré, on fait un *échantillon commun*.

On peut refuser de prendre livraison des eaux-de-vie dans les cas suivans :

Si on a acheté du 22 degrés et qu'on vous livre au-dessous de 21 degrés $\frac{1}{2}$, ou au-dessus de 23.

Dans le premier cas, c'est-à-dire si le titre est au-dessous de 22 degrés, le vendeur doit faire à l'acheteur une réfraction de 5 p. 100 par degré.

Dans le second cas, la surforce du degré au-dessus de 22 degrés se paie à raison de 4 p. 100 pour un degré.

Pour fixer le degré, on fait un *échantillon commun* des fûts portant 22 degrés et au-dessus, et un des fûts faibles et au-dessous du 22 degrés.

L'eau-de-vie preuve de Hollande peut être reçue à 19 degrés $\frac{1}{2}$, sans réfraction, quoiqu'elle doive porter de 19 degrés $\frac{1}{2}$ à 20 degrés.—On peut la refuser au-dessous de 19 degrés.

Quand le titre est au-dessous de 19 degrés $\frac{1}{2}$, l'acheteur a droit à ce qu'on lui fasse une réfraction de 5 p. 100 pour un degré.

On ne paie point la surforce du degré, et on pèse chaque pièce séparément.

Pour connaître le titre qui sert à fixer la réfraction, on fait un *échantillon commun* des pièces faibles au-dessous de 19 degrés $\frac{1}{2}$, et c'est cet échantillon commun qui sert de règle.

Dans les marchés d'esprits et d'eaux-de-vie qui se font journellement sur la place, le vendeur est tenu envers l'acheteur de remplacer les pièces par lui refusées pour motifs justes et valables.

DRAPIERS.

Draperie. Se vend à l'aune ; escompte,   6 p. 100.
Nankin. Se vend à la pièce ; escompte,   2 p. 100.

DROGUISTES.

Alizary de Chypre. Se vend avec tare de 4 p. 100, toile simple, chanvre; escompte,   4 p. 100.
— Du Comtat, 4 p. 100 de tare en balles, toile simple; escompte,   4 p. 100.
— De Smyrne, 6 p. 100 de tare, emballage en crin; escompte,   4 p. 100.
— De Tripoly, 6 p. 100, sans toile, avec deux têtes en jonc; escompte,   4 p. 100.
Aloès *Succotrin*. Se vend avec tare de 12 p. 100 en caisse; escompte,   2 p. 100.
— Et en barriques, 14 p. 100; escompte, 2 p. 100.
Alun de Liége. Cette denrée se vend tare nette, y compris 4 pieds de cuve par 1000 kilogr.; escompte,   2 p. 100.
— De Paris. Mêmes usages; escompte,   2 p. 100.
— De Rome, *idem*; escompte,   2 p. 100.
Amandes cassées, tare, 2 p. 100, emballage simple; escompte,   3 p. 100.
— En tonneau, tare nette; escompte,   3 p. 100.
— En coques, tare, 4 p. 100, avec deux emballages, dont un mince en paille; escompte,   3 p. 100.
Anis étoilé. Se vend tare nette; escompte, 2 p. 100.
— vert, emballage simple, brut pour net; escompte,   2 p. 100.
Argent vif. Se vend tare nette; esc.,   2 p. 100.
Arsenic blanc, jaune et rouge; se vend avec une tare de 11 kilogr. par baril en bois blanc, pesant de 200 à 210 kilogr.; escompte,   3 p. 100.
— Par baril de 100 à 105 kilogr., 7 kilogr. de tare; escompte,   2 p. 100.
Assa-foetida. Se vend tare nette; esc.,   2 p. 100.
Azur en poudre. Se vend avec tare de 10 p. 100 en baril de bois blanc du poids de 50 à 60 kilogr.; escompte,   2 p. 100.
Baume du Pérou. Se vend tare nette; esc., 2 p. 100.
Benjoin. Se vend tare nette; escompte, 2 p. 100.

Borax raffiné. Se vend tare marquée ; esc., 2 p. 100.
Brai gras ; la gomme se vend sans tare ; escompte,   2 p. 100.
— sec, *idem*, en balle de natte, 1 kilogr. de tare par 100 kilogr. ; escompte,   2 p. 100.
Camphre brut raffiné. Se vend tare nette; escompte,   2 p. 100.
Cannelle de Chine. Se vend tare nette; escompte,   2 p. 100.
— De Ceylan. Se vend 3 kilogr. $\frac{1}{2}$ en un seul gonis de toile de l'Inde ; escompte,   2 p. 100.
— *Idem*, en un seul gonis de toile de l'Inde ; escompte,   2 p. 100.
Cantharides (mouches). Se vendent tare nette; escompte,   2 p. 100.
Cascarille, tare nette ; escompte,   2 p. 100.
Crême de tartre, *idem ;* escompte,   2 p. 100.
Curcuma du Bengale. Se vend en balle, toile simple, avec une tare de 2 p. 100; et en caisse ou futaille; cette denrée se vend tare nette; escompte,   3 p. 100.
— De Java. Se vend en balle de natte, sous simple toile, avec une tare de 4 p. 100; esc.,   3 p. 100.
Follicules de Lapalthe. On donne 5 p. 100 de tare sur cette denrée lorsqu'elle est en balle revêtue de deux toiles, dont une forte et une mince. Toute autre espèce d'emballage et surcharge doit être défalquée ; escompte,   2 p. 100.
— De Tripoli. La tare accordée est de 10 kilogr. par balle couverte en paille, avec deux têtes de jonc, franc de tout emballage; esc.,   2 p. 100.
Galipot. Se vend avec un tare de 20 kil. par baril de 150 kil. environ ; escompte,   10 p. 100.
Galle. On jouit de 3 p. 100 de tare, en balle de crin ; escompte,   3 p. 100.
— En balle de simple toile, 2 p. 100 de tare; escompte,   3 p. 100.

GINGEMBRE. Se vend tare nette, en barrique; escompte,   2 p. 100.
— En sac, on a 2 p. 100 de tare; esc.,   2 p. 100.
GOMME adragante, arabique, de Barbarie, copale,
de Jedda, laque, Turrique. Se vendent tare
nette; escompte,   3 p. 100.
— Du Sénégal, en futailles, se vend tare nette; escompte,   3 p. 100.
— *Idem*, en sac, emballage simple, 1 p. 100 de tare;
escompte,   3 p. 100.
Nota. On accorde généralement 6 kilogr. par caf-
fas de 125 à 150 kilogr.

GOUDRON. Se vend à la gonne; escompte, 2 p. 100.
IPÉCACUANHA. Cette denrée se vend tare nette; escompte,   2 p. 100.
JALAP. Se vend avec 7 kilogr. de tare par suron;
escompte,   2 p. 100.
LITHARGE. Se vend avec tare de 5 p. 100 en baril de
bois mince non plâtré; escompte,   3 p. 100.
MANGANÈSE. Se vend avec tare de 5 p. 100, en barriques longues, pesant de 5 à 600 kilogr.; es-
compte,   3 p. 100.
MANNE grasse, en larme et en sorte. Cette denrée
se vend tare marquée; plus les $\frac{3}{4}$ sans toile,
corde, ni cercles; escompte,   3 p. 100.
MOUCHES cantharides. Se vendent tare nette; escompte,   2 p. 100.
OPIUM. Se vend tare nette; escompte,   2 p. 100.
QUERCITRON. La tare est de 12 p. 100; esc., 3 p. 100.
QUINQUINA jaune, gris et rouge. Se vendent en
caisse à tare nette; escompte,   2 p. 100.
— De Carthagène. Se vend par suron rond de 50 à
55 kilogr., avec 6 kilogr. de tare par chaque suron; et par suron carré, la tare accordée est de
8 kilogr. pour le même poids; esc.,   2 p. 100.
— De Kallisaïa. La tare accordée par suron carré de
60 kilogr. environ est de 12 kilogr. 50 décag.; et

par suron ovale, de 25 à 30 kilogr., la tare est de 4 kilogr. 50 décag.; escompte, 2 p. 100.

RÉGLISSE de Bayonne. Cette denrée se vend avec 2 kilogr. de tare par balle de 50 kilogr. et au-dessous, en toile simple et corde; et par balle de 55 à 75 kilogr., on accorde 3 kilogr. de tare; escompte, 2 p. 100.

RHUBARBE Se vend tare nette; escompte, 2 p. 100.

SALSEPAREILLE de Honduras. La tare accordée est de 4 kilogr. par balle, simple emballage et léger; elle est de 5 kilogr. avec emballage simple et lourd; escompte, 2 p. 100.

— Du Portugal. Se vend tare nette; esc., 2 p. 100.

SEL ammoniac. *Idem;* escompte, 2 p. 100.

— d'oseille. *Idem;* escompte, 2 p. 100.

— de Saturne. *Idem;* escompte, 3 p. 100.

Nota. Le sel gris se vend à tare nette, sans escompte.

SÉNÉ de Lapalthe. Sur les fardes de 450 à 500 kil., emballées d'une toile mince, jonc, et une grosse toile par-dessus, la tare accordée est de 10 p. 100; et lorsque l'emballage est en toile mince et bleue, la tare n'est que de 2 p. 100; escompte, 2 p. 100.

— De Tripoli. Par balle de 200 à 250 kilogr., couverte en toile mince, avec natte, et une toile épaisse qui la recouvre, on accorde sur cette qualité brute 37 kilogr. de tare; et par balle en toile mince, la tare est de 2 p. 100; esc., 2 p. 100.

SIMAROUBA. Se vend tare nette; esc., 2 p. 100.

SOUFRE en canon. *Idem;* escompte, 2 p. 100.

— En fleur. Se vend en barriques, tare nette; et en balle, simple toile, brut pour net; escompte, 2 p. 100.

— En masse. Se vend tare nette; esc., 3 p. 100.

SUC de réglisse. Se vend tare nette, non compris bois et feuilles; escompte, 2 p. 100.

Sumac d'Avignon et de Malaga. Se vend, sous enveloppe de toile légère, brut pour net; escompte,   3 p. 100.

— De Sicile. Se vend brut pour net, en toile simple; et en double toile, on jouit de 2 p. 100 de tare; escompte,   3 p. 100.

Tartre rouge et blanc. Se vendent tare nette; escompte,   2 p. 100.

Thé de Bohé. Se vend avec 13 kilog. de tare pour le quart, ou avec 35 kilog. pour la caisse pesant 185 kilog.; escompte,   2 p. 100.

— Hiswin. 9 kilog. pour le quart; esc.,   2 p. 100.

— Perlé. 10 kilog. pour le quart; esc.,   2 p. 100.

— Saotchaou. 13 kil. pour le quart; esc.,   2 p. 100.

— Skin. 9 kilog. pour le quart; esc.,   2 p. 100.

— Tonkay. 10 kilog. pour le quart; esc.,   2 p. 100.

Tournesol. Se vend tare nette; esc.,   2 p. 100.

Vanille. *Idem*; escompte,   2 p. 100.

ÉPICIERS.

Cacao. Se vend tare nette en futaille; et en sac, emballage simple, on accorde 2 p. 100 de tare; escompte,   2 p. 100.

Café Bourbon. Se vend avec 2 kilog. de tare par balle, sans surcharge; escompte, $1\frac{1}{2}$ p. 100.

— Colonies espagnoles. En futailles, tare nette; et en sacs, 2 p. 100 de tare; escompte, $1\frac{1}{2}$ p. 100.

— Démérary.   *Idem.*   *Idem.*   *Idem.*   *Idem.*

— Guadeloupe.   *Idem.*   *Idem.*   *Idem.*   *Idem.*

— Java.   *Idem.*   *Idem.*   *Idem.*   *Idem.*

— Martinique.   *Idem.*   *Idem.*   *Idem.*   *Idem.*

— St.-Domingue.   *Idem.*   *Idem.*   *Idem.*   *Idem.*

Café Moka. Cette denrée se vend par balle de 75 kilogr., avec petits bourrelets, sans toile ni corde, et l'on accorde 4 kilogr. $\frac{1}{2}$ de tare; escompte, $1\frac{1}{2}$ p. 100.

— Par balle de 150 kilogr., petit bourr., la tare est de 9 kilog. $\frac{1}{2}$; escompte, $1\frac{1}{2}$ p. 100.

— Par balle de 150 kilog., gros bourr., la tare accordée est de 9 kil. $\frac{1}{2}$; escompte,   1 $\frac{1}{2}$ p. 100.

— Par balle de 175 kilogr., gros bourr., la tare est de 10 kilogr. 1 $\frac{1}{2}$; escompte,   1 $\frac{1}{2}$ p. 100.

— Par balle de 187 kilogr., gros bourr., on jouit de 11 kilogr. $\frac{1}{2}$; escompte,   1 $\frac{1}{2}$ p. 100.

— Par balle de 200 kilogr., gros bourr., on accorde 22 kilog. $\frac{1}{2}$ de tare; escompte,   1 $\frac{1}{2}$ p. 100.

Figues sèches. Se vendent par caissetin, avec 5 hectog. de tare; escompte,   2 p. 100.

Fromages de Gruyères et de Hollande. Se vendent tare nette; escompte,   2 p. 100.

Girofle. *Idem*; escompte,   2 p. 100.

Miel de Bordeaux et de Bretagne. Se vendent avec tare de 12 p. 100 en pièce de Bordeaux sans barre; escompte,   2 p. 100.

Morue. Se vend en baril; escompte,   2 p. 100.

Muscades. Se vendent tare nette; esc.,   2 p. 100.

Piment de la Jamaïque. Se vend en baril, tare nette; et avec emballage de simple toile, 2 p. 100 de tare; escompte,   2 p. 100.

— De Tabago. Se vend tare nette en baril; et en simple emballage, sans liens, on jouit de 4 p. 100 de tare; avec des liens de cuir entre les deux enveloppes, la tare accordée est de 8 p. 100; escompte,   2 p. 100.

Poivre blanc. Se vend par balle de 100 kilog.; lorsqu'il y a deux toiles, dont une mince, la tare est de 3 kilog.; escompte,   1 $\frac{1}{2}$ p. 100.

Poivre noir. Par balle de 150 kilog., avec deux enveloppes, la tare est de 4 kilogr.; par ballot en simple toile, on accorde 2 p. 100; en futaille, il se vend à tare nette; escompte,   1 $\frac{1}{2}$ p. 100.

Riz de Caroline et de Piémont. Se vendent en futaille, avec tare de 12 p. 100; et en sacs, sans corde, on jouit de 2 p. 100; escompte, 2 p. 100.

Savon. Se vend tare nette; escompte,   7 p. 100.

Sucre candi. Sucre en pain.

SUCRE TERRÉ de Batavia. Se vend avec tare de 21 kilogr. par canastre; escompte,   2 p. 100.

SUCRE TERRÉ de Bourbon. La tare est de 5 kilogr. par balle; escompte,   2 p. 100.

— Du Brésil. Se vend en caisse, sans surcharge, avec 17 kilogr. de tare p. 100; escompte,   2 p. 100.

— De la Guadeloupe, de Saint-Domingue et de la Martinique. On déduit 13 kilogr. pour 100 de tare pour les barriques, tierçons et quarts, sans surcharge; escompte,   2 p. 100.

— De la Havane. La tare, par caisse du poids de 200 kilogr. et au-dessous, est de 26 kilogr.; et, par caisse de 200 kilogr. et au-dessus, elle est de 13 p. 100; le tout sans surcharge; esc., 2 p. 100.

— De l'Inde. La tare des balles en jonc est conditionnelle; celle des balles de 60 à 75 kilogr., en double toile, est de 5 kilogr. par balle, et de 6 par balle de 90 à 100 kilogr., revêtue d'une double toile; escompte,   2 p. 100.

— Manille. Par balle de 90 à 100 kilog., en double toile, on accorde 6 kilog. de tare; esc., 2 p. 100.

— Vera-Cruz. On jouit de 6 kilogr. par balle sans surcharge; escompte,   2 p. 100.

SUCRE BRUT du Brésil. Se vend en caisse, avec 17 p. 100 de tare sans surcharge; escompte,   3 p. 100.

—. De la Guadeloupe, de la Jamaïque, de la Martinique et de Saint-Domingue. Se vendent avec une tare de 17 pour 100, soit en barriques, tierçons ou quarts, le tout sans surcharge; escompte,   3 p. 100.

Nota. On ne peut rien réclamer sur la vidange des sucres bruts en barriques, si le manque n'excède pas 16 centim. au-dessous du jâble. Quand le manque excède 16 centim., la différence se règle sur le pied de 50 kilogrammes par 5 centim. pour les sucres de la Jamaïque; mais, s'il s'agit des sucres de la Martinique, la différence est de 50 kilogr. pour 8 centim.

On règle proportionnellement tous fûts, n'importe la forme. C'est aussi de cette manière qu'on fait la réfraction de bonification de 17 p. c. pour la surtare.

HUILES.

Huile d'olive. La tare est d'un sixième, sans plâtre; escompte,   2 p. 100.
— De colza et d'oliette. Se vendent au baril sans tare; escompte, $\frac{1}{3}$ p. 100.
— De lin, épurée, et rabette. Tare nette; escompte, $\frac{1}{2}$ p. 100.
— De poisson. On accorde un sixième de tare par futaille au-dessus de 250 kilogrammes, et un cinquième pour celles au-dessous; le tout sans plâtre; escompte,   3 p. 100.

*Observations sur les usages suivis pour la vidange
des huiles.*

On ne peut réclamer de bonification sur une pièce d'huile d'olive de 600 kilogrammes, que quand la vidange excède 3 pouces.

Le vendeur ne bonifie l'acheteur qu'à partir du quatrième pouce.

RÈGLE.

On accorde une bonification, savoir :

Pour 4 pouces,	1 kil.	95 décag.
5	4	40
6	7	10
7	10	»
8	12	95
9	16	15
10	19	60
11	23	35
12	26	90

Quand c'est une demi-pièce, on ne compte la vidange qu'à partir de 2 pouces $\frac{1}{7}$.

L'estimation se fait aux $\frac{2}{3}$.

Il est reconnu dans le commerce que les cercles d'une pièce doivent être éloignés l'un de l'autre de 8 pouces, et que ceux d'une demi-pièce ne doivent l'être que de 6.

Quant à la vidange des huiles de poisson, on en fait l'estimation proportionnellement aux huiles d'olive, attendu qu'il n'y a pas d'uniformité pour les futailles.

LAINES. (1)

Laines de Berry, de Chevron, de France, de Languedoc, et du Roussillon. Se vendent, sous emballage en toile, avec 4 pour 100 de tare; escompte,   6 p. 100.

— Provenant des fabriques françaises et étrangères, de Vigogne; emballage en crin, 6 p. 100 de tare; escompte,   3 p. 100.

— Buénos-Ayres. En suron de cuir, la tare est de 12 p. 100; escompte,   3 p. 100.

— Pérou. En sac de toile simple, la tare est de 3 p. 100; escompte,   3 p. 100.

---

(1) Le dépôt des laines et le lavoir public sont situés port de l'Hôpital. Cet établissement, ouvert le 10 juillet 1813, par les soins de M. de Chabrol, a pour but de faciliter la vente des laines de toutes qualités, et de procurer de grands avantages aux propriétaires de troupeaux. Leurs productions sont déposées dans des magasins vastes et aérés, et exposées tous les jours en vente.

Les frais de magasinage sont fixés à 50 c. par mois par 100 kilogrammes : ceux de mouvement à 50 c. aussi par 100 kilogr. une fois payés. Le directeur fait les avances des transports des laines adressées au dépôt, et le remboursement ne s'en fait que lors de la sortie des marchandises.

Le prix du lavage est fixé à 20 c. par kilogr. de laine en suint, et à 30 c. pour les laines déjà lavées à dos.

— De Bohême et d'Allemagne. Sous un léger emballage, 4 p. 100 de tare; escompte,   6 p. 100.

— D'Espagne. On accorde sur ces laines 8 kilogr. par balle de 8 arobes (1), et 9 kilogrammes par balle de 9 arobes; escompte,   12 p. 100.

Laines de Hongrie. Sous gros emballage, la tare est de 6 p. 100; escompte,   6 p. 100.

— Italie, Pouille et Romagne. La tare accordée est de 4 p. 100; escompte,   6 p. 100.

PARFUMEURS.

Encens ou Oliban. Se vend tare nette; esc., 2 p. 100.

Jus de citron. Se vend tare nette, au dépotage; escompte,   3 p. 100.

PELLETERIES.

Peaux d'agneaux. En pelleterie, 100 peaux; escompte,   3 p. 100.

— En mégie, 104 peaux; escompte, $1\frac{1}{7}$ p. 100.

Peaux de castor. Se vendent au poids; esc., 3 p. 100.

— De chèvre, en poil. A la douzaine; esc., 2 p. 100.

— De daim, en poil et de recette. A la pièce; escompte,   3 p. 100.

— Id. rasées et non de recette, 2 kilogr. pour 1; escompte,   3 p. 100.

— Id. rasées, et de recette. Au poids; esc., 3 p. 100.

— Id. en poil, et non de recette, 2 peaux pour 1; escompte,   3 p. 100.

Peaux de lapin et lièvre de France. Se vendent au poids, ainsi que les rebuts; escompte, 3 p. 100.

— De lièvre d'Allemagne, de Bohême de Lithuanie, de Mocovie, de Russie, de Saxe, de Smyrne et de Turquie. Se vendent : poil d'hiver, aux 104 peaux; poil d'automne, 208 pour 104, et poil d'été, 312 peaux pour 104; escompte, 3 p. 100.

Nota. Lorsque les peaux d'Allemagne, de Bo-

____

(1) L'arobe est un poids d'environ 70 kilogr.

hême, de Saxe, de Smyrne et de Turquie sont bien assorties en saison, elles se vendent comme celles de Russie; mais lorsqu'elles ne le sont pas, et qu'elles sont soit en balles, soit en futailles, elles se vendent au poids, et tare nette, sous le même escompte.

PEAUX d'ours d'Amérique, de la baie d'Hudson, du Canada, de la Louisiane et de Russie. Se vendent à la pièce; escompte,   3 p. 100.

Nota. On donne 2, 3 et 4 peaux d'ours pour 1, suivant leur petitesse.

PEAUX de chien de mer. Se vendent à la pièce; escompte,   3 p. 100.

PELLETERIES fines de tous pays. Se vendent à la pièce; escompte,   6 p. 100.

QUINCAILLERIES.

ACIER. Se vend tare nette; escompte,   3 p. 100.

CUIVRE en planche, du Pérou, de Rosette. Sans tare; escompte,   3 p. 100.

FER en barre, en feuille et en verge. Sans tare; escompte,   3 p. 100.

FER BLANC. En caisse, tare marquée; esc., 3 p. 100.

FIL de laiton. En botte, se vend tare nette; escompte,   6 p. 100.

PLOMB. Se vend sans tare; escompte,   2 p. 100.

TÔLE. Se vend sans tare; escompte,   2 p. 100.

ZINC. Se vend sans tare; escompte,   3 p. 100.

RAFFINEURS.

MÉLASSE. En pièces pleines, avec 12 p. 100 de tare; escompte,   2 p. 100.

SUCRE candi. Se vend tare nette; esc.,   2 p. 100.

SUCRE en pain. Se vend avec papier et ficelle, brut pour net; escompte, $1\frac{1}{4}$ p. 100.

Observations sur les usages à observer pour la vente des sucres en pain.

Il est d'usage de vendre les sucres en pain, avec le papier et la ficelle. Cependant s'il arrivait que l'enveloppe et la corde dépassassent le tarif ci-après, le vendeur serait tenu de bonifier l'acquéreur de la différence au prix de vente; savoir :

Par pain de 1 kil. 5o déc. à 2 kil., l'enveloppe et la ficelle ne doivent peser que de 5 à 7 décag.
Par *id.* de 2 à 3 kil. 7 à 9 décag.
Par *id.* de 3 à 4 kil. 10 à 12 décag.
Par *id.* de 5 à 6 kil. 15 à 18 décag.
Par *id.* de 10 à 15 kil. 25 à 3o décag.

Nota. Quelle que soit la couleur de l'enveloppe, cela ne change en rien les dispositions ci-dessus.

SOIES EN BOTTES.

SOIES en bottes. Cet article se vend tare nette; escompte, 10 p. 100.

Nota. Pour les balles d'organsins et grèges du Piémont, il est accordé une tare de 2 kilogr. sur 75 environ, l'emballage étant simple avec corde et papier.

SUIF de Buénos-Ayres, Caraque et Carthagène. Se vendent en suron de cuir, brut pour net; et tare nette, en emballage de jonc ou pitre; escompte, 3 p. 100.

— De pays. Se vend tare nette; sans escompte.

— De Russie, la tare accordée est de 12 p. 100; escompte, 3 p. 100.

TABAC.

TABAC de Hollande. Se vend en feuilles et en paniers d'environ 5oo kilogr. et plus, sur lesquels on accorde 4 pour 100 de tare; et, en demi-paniers, 8 p. 100; escompte variable.

— Indigène. Se vend en feuilles et en balles, sur lesquels 1 ½ à 2 p. 100, suivant la grandeur.

Nota. Il n'y a point d'escompte déterminé sur cette denrée, qui se vend presque toujours à terme

TABLETTERIE.

Caret. Se vend tare nette; escompte, 3 p. 100.

Nota. On vend 2 kil. d'ergots et onglons pour 1.

Dents d'éléphant. Se vendent tare nette; escompte, 3 p. 100.

Fanons de baleine. Se vendent tare nette; escompte, 3 p. 100.

Nacre de perle. Se vend tare nette; esc., 3 p. 100.

TOILES.

Basin blanc. Se vend sous l'escompte de 6 p. 100.

Calicot écru. Se vend à l'aune (119 centim.), la livraison aux frais du vendeur, esc., 1 ½ p. 100.

VINS.

Les vins étrangers, de liqueur, du Midi, du Roussillon et de Saint-Gilles, se vendent à l'hectolitre, avec escompte de 2 p. 100.

Les vins dont la nomenclature suit se vendent en pièces :

Anjou, la pièce contient	230 litres.
Bordeaux, contient	220
Bourgogne, contient	230
Blois, contient	235
Cher, contient	245
Mâcon, contient	215
Orléans, contient	230
Pouilly, contient	220
Pourçain (Saint-), contient	220
Renaison, contient	200
Sancerre, contient	220

Il est d'usage que le vendeur paie le congé.

Sur les vins en pièces, l'escompte n'est point stipulé, par la raison qu'on les vend ordinairement à terme, et que, dans ce dernier cas, l'escompte n'est que conventionnel.

Tare des Douanes.

C'est une diminution de poids qu'accorde la loi sur les marchandises qui doivent acquitter les droits de douane lorsqu'elles sont contenues dans des futailles, tonneaux, caisses et emballage, cette tare est ainsi établie :

Toutes les marchandises paient les droits au poids brut, à l'exception des dentelles, des drogueries et épiceries, dont le droit excède 40 fr. 80 c. par cinquante kilogrammes ; des ouvrages de soie, or et argent et du tabac, lesquels acquittent au poids net.

La tare est de quinze pour cent, poids métrique, sur les sucres bruts en futailles.

De douze pour cent pour les sucres têtes et terrés, le café, le cacao et le poivre aussi en futailles.

De trois pour cent sur les café, cacao et poivre en sacs

De douze pour cent sur le tabac en boucauts et les drogueries et épiceries ; de deux pour cent sur les mêmes objets en paniers ou en sacs.

A l'égard des ouvrages de soie, or et argent, et des dentelles, la perception en est faite sur la déclaration au poids net, sauf la vérification de la part des préposés.

Ces dispositions sont applicables aux plumes apprêtées et aux soies.

Lorsque des marchandises sujettes aux droits, au poids net ou à la valeur, se trouvent dans les mêmes balles, caisses ou futailles, avec d'autres marchandises qui doivent les droits au poids brut, la totalité desdites caisses, balles ou futailles s'acquitte au poids brut.

Toute marchandise qui, étant tarifiée ou brute,

est dans une double futaille, ne doit les droits que déduction faite du poids de la futaille qui lui sert d'une seconde enveloppe.

Dans le cas où une balle ou futaille contient des marchandises assujetties à des droits différens, le brut de la balle ou de la futaille doit être réparti sur chacune des espèces qui y sont contenues, dans la proportion de leur quantité respective.

CHAPITRE III.

DES POIDS ET MESURES.

Il est des dispositions réglementaires et pénales sur l'emploi des poids et mesures, qu'il est utile de rappeler à l'attention de ceux qui en font usage.

Une loi du 18 germinal an III, dont les dispositions sont maintenues à cet égard, porte que toute fabrication des anciennes mesures est interdite en France, ainsi que l'importation des mêmes objets venant de l'étranger, à peine de confiscation et d'une amende double des mêmes objets.

La loi du 1er vendémiaire an IV ordonne que l'usage des nouvelles mesures soit obligatoire pour tous les marchands en gros et en détail, sauf l'autorisation accordée pour les mesures usuelles établies par l'arrêté du 28 mars 1812, dont nous parlerons plus bas.

Les anciennes mesures sont réputées fausses, quand même elles auraient été vérifiées et poinçonnées précédemment; les nouvelles qui n'auraient pas été poinçonnées et vérifiées, sont réputées fausses. (Arrêtés des 27 pluviose, 19 germinal, 11 thermidor an VII.)

Toute demande de marchandises faite en mesure et poids anciens, est censée faite en poids et mesure analogues, dont l'usage est permis par l'arrêté du

28 mars 1812. En conséquence, tout marchand qui, sous le prétexte de satisfaire au désir de l'acheteur, emploie des combinaisons de mesures ou de poids décimaux, ou autres pour former le poids ou la mesure ancienne, dont l'emploi est prohibé, est poursuivi conformément au *Code pénal*, art. 424, 479, 480, 481, comme ayant fait usage de faux poids et de fausses mesures (arrêté du 28 mars 1812).

Aucun papier de commerce, livre ou registre des négocians, marchands ou manufacturiers, aucune facture, compte, quittance, même lettre missive, faites ou écrites depuis la mise en activité des nouveaux poids et mesures, ne peuvent être produits et faire foi en justice qu'autant que les quantités exprimées dans lesdits livres, papiers, etc., le seraient en nouvelles mesures; ou du moins la traduction en sera faite préalablement, et constatée aux frais des parties par un officier public. (Loi du 1er vendémiaire an IV.)

Les dispositions du décret du 12 février et de l'arrêté du 28 mars 1812, n'étant relatives qu'à l'emploi des mesures et des poids dans le commerce de détail, et dans les usages journaliers, les mesures légales doivent être seules employées exclusivement dans les travaux publics, le commerce en gros, les transactions commerciales et autres. (Arrêté du 28 mars 1812.)

Extrait de l'arrêté pris par le ministre de l'intérieur, le 28 mars 1812.

Art. 1er. Il est permis d'employer, pour les usages du commerce,

1°. Une mesure de longueur égale à deux mètres, qui prendra le nom de *toise*, et se divisera en six pieds;

2°. Une mesure égale au tiers du mètre ou sixième de la toise, qui aura le nom de *pied*, se divisera en douze pouces, et le pouce en douze lignes.

Chacune de ces mesures portera sur l'une de ses faces les divisions correspondantes du mètre; savoir: la toise, deux mètres divisés en décimètres, et le premier décimètre en millimètres; et le pied, trois décimètres un tiers, divisés en centimètres et millimètres, en tout 333 millimètres un tiers.

Art. 2. Le mesurage des toiles et étoffes pourra se faire avec une mesure égale à douze décimètres, qui prendra le nom d'*aune*. Cette mesure se divisera en demis, quarts, huitièmes et seizièmes; ainsi qu'en tiers, sixièmes et douzièmes : elle portera sur l'une de ses faces les divisions correspondantes du mètre, en centimètres seulement; savoir, cent vingt centimètres numérotés de dix en dix.

Art. 4. Les grains et autres matières sèches pourront être mesurés, dans la vente au détail, avec une mesure égale au huitième de l'hectolitre, laquelle prendra le nom de *boisseau*, et aura son double, son demi et son quart.

Chacune de ces mesures portera son nom, et, en outre, l'indication de son rapport avec l'hectolitre; savoir:

Le double boisseau . . . . $\frac{1}{4}$ d'hectolitre.
Le boisseau . . . . $\frac{1}{8}$
Le demi - boisseau . . . . $\frac{1}{16}$
Le quart de boisseau . . . . . $\frac{1}{32}$

Art. 5. Pour la vente en détail des graines, grenailles, farines, légumes secs ou verts, le litre pourra se diviser en demis, quarts et huitièmes.

Art. 7. Pour la vente en détail du vin, de l'eau-de-vie et autres boissons ou liqueurs, on pourra employer des mesures d'un quart, d'un huitième et d'un seizième de litre.

Chacune desdites mesures portera le nom indicatif de son rapport avec le litre.

Art. 8. Pour la vente en détail de toutes les substances dont le prix et la quantité se règlent au poids, les marchands pourront employer les poids usuels suivans; savoir :

La *livre*, égale au demi-kilogramme ou cinq cents grammes, laquelle se divisera en seize onces ;

L'*once*, seizième de la livre, qui se divisera en huit gros;

Le *gros*, huitième de l'once, qui se divisera en soixante-douze grains.

Chacun de ces poids se divisera, en outre, en demis, quarts et huitièmes.

Ils porteront, avec le nom qui leur sera propre, l'indication de leur valeur en grammes; savoir :

La livre. . . . . grammes, 500
La demi-livre 250
Le quart de livre, ou quarteron. 125
Le huitième, ou demi-quart. 62,5
L'once. 31,3
La demi-once. 15,6
Le quart d'once, ou deux gros. 7,8
Le gros. 3,9

Conversion des anciens poids en nouveaux.

Grains.	Grammes.	Livres.	Kilogrammes.
10	0,53	1	0,4895
20	1,06	2	0,9790
30	1,59	3	1,4685
40	2,12	4	1,9580
50	2,66	5	2,4475
60	3,19	6	2,9370
70	3,72	7	3,4265
Gros.		8	3,9160
1	3,82	9	4,4056
2	7,65	10	4,8951
3	11,47	20	9,7901
4	15,30	30	14,6852
5	19,12	40	19,5802
6	22,94	50	24,4753
7	26,77	60	29,3704
8	30,59	70	34,2654
Onces.		80	39,1605
1	30,59	90	44,0555
2	61,19	100	48,9506
3	91,78	200	97,9012
4	122,38	300	146,8518
5	152,97	400	195,8023
6	183,56	500	244,7529
7	214,16	600	293,7035
8	244,75	700	342,6541
9	275,35	800	391,6047
10	305,94	900	440,5553
11	336,53	1000	489,5058
12	367,14		
13	397,73		
14	428,33		
15	458,91		
16	489,51		

Conversion des nouveaux poids en anciens.

gramm.	liv.	onc.	gr.	gr.	kilogr.	liv.	onc.	gros.	gr.
1	0.	0.	0.	19	1	2.	0.	5.	35,15
2	0.	0.	0.	38	2	4.	1.	2.	70
3	0.	0.	0.	56	3	6.	2.	0.	33
4	0.	0.	1.	3	4	8.	2.	5.	69
5	0.	0.	1.	22	5	10.	3.	3.	32
6	0,	0.	1.	41	6	12.	4.	0.	67
7	0.	0.	1.	60	7	14.	4.	6.	30
8	0.	0.	2.	7	8	16.	5.	3.	65
9	0.	0.	2.	25	9	18.	6.	1.	28
10	0.	0.	2.	44	10	20.	6.	6.	64
20	0.	0.	5.	17	20	40.	13.	5.	55
30	0.	0.	7.	61	30	61.	4.	4.	47
40	0.	1.	2.	33	40	81.	11.	3.	38
50	0.	1.	5.	5	50	102.	2.	2.	30
60	0.	1.	7.	58	60	122.	9.	1.	21
70	0.	2.	2.	22	70	143.	0.	0.	13
80	0.	2.	4.	66	80	163.	6.	7.	4
90	0.	2.	7.	38	90	183.	13.	5.	68
100	0.	3.	2.	11	100	204.	4.	4.	59
200	0.	6.	4.	21					
300	0.	9.	6.	32					
400	0.	13.	0.	43					
500	1.	0.	2.	53					
600	1.	3.	4.	64					
700	1.	6.	7.	3					
800	1.	10.	1.	13					
900	1.	13.	3.	24					
1000	2.	0.	5.	35					

Multipliez le prix du kilogramme par 0,4895, vous aurez celui de la livre.

Multipliez le prix de la livre par 2,0429, vous aurez celui du kilogramme.

Réduction des kilogrammes en livres et décimales de la livre.	
kilogr.	livres.
1	2,0429
2	4,0858
3	6,1286
4	8,1715
5	10,2144
6	12,2573
7	14,3001
8	16,3440
9	18,3859
10	20,4288
20	40,8575
30	61,2863
40	81,7151
50	102,1439
60	122,5726
70	143,0013
80	163,4301
90	183,8589
100	204,2876
200	408,5752
300	612,8629
400	817,1505
500	1021,4382
600	1225,7258
700	1430,0134
800	1634,3010
900	1838,5887
1000	2042,8763

Réduction des grammes en grains et décimales de grain.	
grammes.	grains.
1	18,8
2	37,6
3	56,5
4	75,3
5	94,1
6	113,0
7	131,8
8	150,6
9	169,4
10	188,3
100	1882,7

Réduction des décigrammes en grains et décimales du grain.	
décigram.	grains.
1	1,9
2	3,8
3	5,6
4	7,5
5	9,4
6	11,3
7	13,2
8	15,1
9	16,9
10	18,8

Réductions des hectolitres en setiers, et des setiers en hectolitres, le setier étant de douze boisseaux anciens, et le boisseau de treize litres.

Hectolitres	Setiers.	Setiers.	Hectolitres.
1	0,641	1	1,560
2	1,282	2	3,12
3	1,923	3	4,68
4	2,564	4	6,24
5	3,205	5	7,80
6	3,846	6	9,36
7	4,487	7	10,92
8	5,128	8	12,48
9	5,769	9	14,04
10	6,410	10	15,60
20	12,820	20	31,20
30	19,231	30	46,80
40	25,641	40	62,40
50	32,051	50	78,00
60	38,461	60	93,60
70	44,871	70	109,20
80	51,282	80	124,80
90	57,692	90	140,40
100	64,102	100	156,00

Le poids moyen de l'hectolitre de froment est de 75 kilogrammes.

Réduction des toises , pieds , pouces en mètres et décimales du mètre.

Toise.	Mètres.	Pieds.	Mètres.	Pouc.	Mètres.
1	1,94904	1	0,32484	1	0,02707
2	3,89807	2	0,64968	2	0,05414
3	5,84711	3	0,97452	3	0,08121
4	7,79615	4	1,29936	4	0,10828
5	9,74518	5	1,62420	5	0,13535
6	11,69422	6	1,94904	6	0,16242
7	13,64326	7	2,27388	7	0,18949
8	15,59229	8	2,59872	8	0,21656
9	17,54133	9	2,92355	9	0,24363
10	19,49037	10	3,24839	10	0,27070
20	38,98073	20	6,49679	11	0,29777
30	58,47110	30	9,74518	12	0,32484
40	77,96146	40	12,99358	13	0,35191
50	97,45183	50	16,24197	14	0,37898
60	116,94220	60	19,49037	15	0,40605
70	136,43256	70	22,73876	16	0,43312
80	155,92293	80	25,98715	17	0,46019
90	175,41329	90	29,23555	18	0,48726
100	194,90366	100	32,48394	19	0,51433
200	389,80732	200	64,96789	20	0,54140
300	584,71098	300	97,45183	30	0,81210
400	779,61464	400	129,93577	40	1,08280
500	974,51830	500	162,41972	50	1,35350
600	1169,42195	600	194,90366	60	1,62420
700	1364,32561	700	227,38760	70	1,89490
800	1559,22927	800	259,87155	80	2,16560
900	1754,13293	900	292,35549	90	2,43630
1000	1949,03659	1000	324,83943	100	2,70700
2000	3898,07318	2000	649,67886	200	5,41399
3000	5847,10977	3000	974,51830	300	8,12099
4000	7796,14636	4000	1299,35773	400	10,82798
5000	9745,18296	5000	1624,19716	500	13,53498
10000	19490,35691	10000	3248,39432	1000	27,06995

Réduction des mètres en toises, et en toises, pieds, pouces et lignes.

Mètr.	Toises.	Mètr.	Toises.	pi.	po.	lignes.
1	0,513074	1	0.	3.	0.	11,296
2	1,026148	2	1.	0.	1.	10,592
3	1,539222	3	1.	3.	2.	9,888
4	2,052296	4	2.	0.	3.	9,184
5	2,565370	5	2.	3.	4.	8,480
6	3,078444	6	3.	0.	5.	7,776
7	3,591518	7	3.	3.	6.	7,072
8	4,104592	8	4.	0.	7.	6,368
9	4,617666	9	4.	3.	8.	5,664
10	5,13074	10	5.	0.	9.	4,960
20	10,26148	20	10.	1.	6.	9,920
30	15,39222	30	15.	2.	4.	2,88
40	20,52296	40	20.	3.	1.	7,84
50	25,65370	50	25.	3.	11.	0,80
60	30,78444	60	30.	4.	8.	5,76
70	35,91518	70	35.	5.	5.	10,72
80	41,04592	80	41.	0.	3.	3,68
90	46,17666	90	46.	1.	0.	8,64
100	51,3074	100	51.	1.	10.	1,6
200	102,6148	200	102.	3.	8.	3,2
300	153,9222	300	153.	5.	6.	4,8
400	205,2296	400	205.	1.	4.	6,4
500	256,4570	500	256.	3.	2.	8,0
600	307,8444	600	307.	5.	0.	9,6
700	359,1518	700	359.	0.	10.	11,2
800	410,4592	800	410.	2.	9.	0,8
900	461,7666	900	461.	4.	7.	2,4
1000	513,074	1000	513.	0.	5.	4,0
2000	1026,148	2000	1026.	0.	10.	8,0
3000	1539,222	3000	1539.	1.	4.	0,0
4000	2052,296	4000	2052.	1.	9.	4,0
5000	2565,37	5000	2565.	2.	2.	8,0
10000	5130,74	10000	5130.	4.	5.	4,0

Réduction des mètres en pieds, pouces, lignes et décimales de la ligne.

Mètres	Pieds.	pouc.	lign.	Mètres.	Pieds.	pouc.	lign.
1	3.	0.	11,296	100	307.	10.	1,6
2	6.	1.	10,593	200	615.	8.	3,2
3	9.	2.	9,888	300	923.	6.	4,8
4	12.	3.	9,184	400	1231.	4.	6,4
5	15.	4.	8,480	500	1539.	2.	8,0
6	18.	5.	7,776	600	1847.	0.	9,6
7	21.	6.	7,072	700	2154.	10.	11,2
8	24.	7.	6,368	800	2462.	9.	0,8
9	27.	8.	5,664	900	2770.	7.	2,4
10	30.	9.	4,960	1000	3078.	5.	4,0
20	61.	6.	9,92	2000	6156.	10.	8
30	92.	4.	2,88	3000	9235.	4.	8
40	123.	1.	7,84	4000	12313.	9.	4
50	153.	11.	0,80	5000	15392.	2.	8
60	184.	8.	5,76	6000	18470.	8.	0
70	215.	5.	10,72	7000	21549.	1.	4
80	246.	3.	3,68	8000	24627.	6.	8
90	277.	0.	8,64	9000	27706.	0.	0
				10000	30784.	5.	4

MESURES AGRAIRES.

La perche des eaux et forêts avait 22 pieds de côté; elle contenait 484 pieds carrés.

L'arpent des eaux et forêts était composé de 100 perches de 22 pieds; il contenait 48400 pieds carrés.

La perche de Paris avait 18 pieds de côté; elle contenait 324 pieds carrés.

L'arpent de Paris était composé de 100 perches de 18 pieds; il contenait 32400 pieds carrés et 900 toises carrées. Cet arpent est donc équivalent à un carré de 30 toises de côté.

L'unité nouvelle que l'on nomme *are* et que l'on pourrait considérer comme la perche métrique est un carré de 10 mètres de côté, qui comprend 100 mètres carrés.

L'*hectare* ou l'arpent métrique se compose de 100 ares, ou de 10000 mètres carrés.

	Pieds carrés.	Toises carrées.	Mètres carrés.
Perche des eaux et forêts...	484	13,44	51,07
Arpent des eaux et forêts...	48401	1344,44	5107,20
Perche de Paris...........	324	9	34,19
Arpent de Paris...........	32400	900	3418,87
Are....................	947,7	26,32	100
Hectare................	94768,2	2632,45	10000

CHAPITRE IV.

DE LA CONNAISSANCE DES MONNAIES. — BANQUE DE FRANCE.

Cette partie des connaissances commerciales a sa place plus particulièrement dans le *Manuel du Banquier*, parce que le commerce des monnaies et des matières d'or et d'argent forme une de ses principales occupations; mais le négociant ne peut se dispenser d'avoir sous les yeux la valeur des monnaies étrangères comparées à celles de France. C'est ce qui nous a déterminé à lui en offrir ici un tableau exact et complet.

Tableau de la valeur en francs des monnaies réelles d'or ou d'argent ayant cours dans l'étranger, selon les lois locales de chacune d'elles, et d'après le titre et le poids du fin, et la valeur intrinsèque de chaque pièce.

NOMS DES PAYS ET DES MONNAIES ET LEUR VALEUR.

AMÉRIQUE SEPTENTRIONALE.

ÉTATS-UNIS.

Monnaies d'or.

Dollar, ou double aigle de 10 dollars de 1799.	55 f.	21 c.
Aigle de 5 dollars de 1798..............	27	60
Demi-aigle de 2 dollars $\frac{1}{2}$ de 1796............	13	80

Monnaies d'argent.

Dollar de 100 cents de 1795	5	42
Demi....*id*...........*id*.................	2	71

Nota. Il y a des dollars de la même année d'une autre fabrication, dont les titre, poids et valeur sont les mêmes que ci dessus.

Un quart........... de 1796.............	1	36
Dime ou $\frac{1}{10}$ de dollar.....*id*..............	0	54
Demi-dime..............*id*............		27
Dollar.............de 1798.............	5	42
Demi-dollar...........*id*............	2	71

ANGLETERRE.

Monnaies d'or.

Guinée de 21 schellings.................	26	47
Demi-guinée	13	24
Un tiers ou 7 schellings................	8	82
Souverain de 20 schellings de 1818..........	25	21
Demi-souverain de 10 schellings *id*..........	12	61

Monnaies d'argent.

Crown, ou couronne ancienne de 5 schellings..	6	18
Demi...*id*.......................	3	09

Schelling ancien, ou sou sterling de 12 pence..   1 f. 24 c.
Demi *id.* (à proportion).
Crown, ou couronne nouvelle, frappée en 1818.   5   81
Schelling nouveau, ou sou sterling de 12 pence..   1   16
Écu de banque ou dollar d'Angleterre (*a*) 1804.   5   43

ALLEMAGNE ET AUTRICHE.

Monnaies d'or.

Pièce de 4 ducats de l'Empire...............   47   42
Double ducat de l'Empire...................   23   71
Ducat simple.....*id*.......................   11   86
Double ducat de Hongrie...................   23   81
Simple....*id*.......*id*...................   11   90

BELGIQUE. (*Voyez* PAYS-BAS.)

Monnaies d'argent.

Reichsthaler de constitution de l'Empire, frap-
    pée jusqu'en 1752.....................   5   78
Reichsthaler species, ou écu de convention de
    tous les cercles, depuis 1753...........   5   19
Demi-reichsthaler, ou florin...............   2   60
Vingt kreutzers............................   87
Dix....*id*.................................   43

BAVIÈRE.

Monnaies d'or.

Maximilien ou un florin   8   62
    (Double et quadruple, *à proportion.*)
Ducat simple...............................   11   86
Pistole du Palatinat.......................   20   78

Monnaies d'argent.

Kronen-thaler, ou écu de 1809............   5   75

BRUNSWICK-WOLFENBUTTEL.

Monnaies d'or.

Florins de 10 thalers au cheval en course, jus-
    qu'en 1813. (*b*).....................   41   49
Florins de 10 thalers au cheval en course, de-
    puis 1813. (*b*).......................   41   49

Florins de 10 thalers de Brunswick-Wolfenbut-
tel-Hanovre. (*b*) .... 41 f. 49 c.

Monnaies d'argent.

Écu de convention, ou species-thaler........ 5   19
Florin ou ⅔ argent fin..................... 2   89

DANEMARCK ET NORWÉGE.

Monnaies d'or.

Ducat courant, depuis 1767................ 9   47
Demi...*id*............................... 4   73
Ducat species, de 1791 à 1802............. 11   86
Chrétien................................ 20   95

Monnaies d'argent.

Reichsthaler species de 96 schellings à 12 pfen-
nings, depuis 1776..................... 5   66
Reichsthaler courant ou pièce de 6 marcs danske,
de 1750............................... 4   96

ESPAGNE.

Monnaies d'or de 1764 à 1772.

Quadruple pistole......................... 85   42
Demi-quadruple ou double pistole.......... 42   71
Quart de quadruple ou pistole............. 21   35
Huitième de quadruple, demi-pist. ou écu d'or.. 10   67
Seizième de quadruple, ou petit écu d'or...... 5   45

Monnaies d'or de 1772 à 1786.

Quadruple pistole, ou doublon de 8 écus..... 83   93
Demi *id.*   ou double pistole   de 4 *id*...... 41   96
Quart *id.*   ou pistole   de 2 *id*...... 20   98
Huitième, demi-pistole ou écu d'or.......... 10   49
Seizième, quart ou petit écu d'or........... 5   36

Monnaies d'argent de 1772 à 1787.

Réal de 8, ou piastre de 20 réaux de veillon . 5   43
Id. de 4, ou demi-piastre de 10 réaux *id*,.... 2   71
Id. de 2, ou quart *id.*   de 5 *id. id*.... 1   36

Réal de 1, ou demi-piécette, ou $\frac{1}{8}$ de piastre .. » f. 68 c.
Demi-réal, ou $\frac{1}{16}$ de piastre............... » 34

Monnaies provinciales.

Réal de 2, ou piécette, ou $\frac{1}{5}$ de piastre de 4 réaux
    de veillon.............................. 1 08
Réal de 1, ou demi-piécette, ou $\frac{1}{10}$ de piastre de
    2 réaux de veillon..................... » 54
Réalillo, ou réal de veillon, ou $\frac{1}{20}$ de piastre de
    34 maravédis......................... » 27

ÉTATS ECCLÉSIASTIQUES. — ROME.

Monnaies d'or.

Pistole de Pie VI et de Pie VII.............. 17 27
Demi   *id.*   *id.*............... 8 64
Sequin de 1769, de Clément XIV et ses success. 11 80
Demi   *id.*   *id.*.......... 5 90

Monnaies d'argent.

Écu de 10 pauls ou paoli, de 100 bayoques, de
    Pie VI et Pie VII...................... 5 39
Demi-écu.............................. 2 69
Teston de 30 bayoques ou $\frac{1}{10}$ d'écu.......... 1 62
Papeto de 20 bayoques ou $\frac{1}{5}$ d'écu.......... 1 08
Teston de 10 bayoques ou $\frac{1}{10}$ d'écu.......... » 54

BOLOGNE.

Monnaies d'or.

Doppia, ou pistole de Pie VI, 1797.......... 17 42
Sequin frappé depuis 1786................. 12 16
Demi à proportion.

Monnaies d'argent.

Scudo de la communauté de Bologne, à la Vierge. 5 45
Écu de 10 pauls ou 100 bayoques............ 5 39
Demi de 5 pauls ou 50   *id.*............... 2 69
Teston de 5 pauls ou 30   *id.*............ 1 62
Pièce de 2 pauls ou 20   *id.*............ 1 08
Id.   de 1 paul ou 10   *id.*............... » 54

FRANCFORT-SUR-LE-MEIN (ville libre).

Monnaies d'or.

Ducat. (*Comme l'Allemagne.*)

Monnaies d'argent.

Reichsthaler d'espèce, ou écu de convention.
(*Comme l'Allemagne.*)

GÊNES (ITALIE).

Monnaies d'or.

Quadruple ou genovine ancienne de 100 livres, depuis 1758	88 f.	97 c.
Quadruple ou genovine nouvelle de 96 livres, depuis 1781	79	77
Dans la proportion, celles de { 48 liv. / 24 / 12		
Sequin	12	01

Monnaies d'argent.

Écu de banque de Saint-Jean-Baptiste, ancien	4	17
Ecu de 8 livres, *id.* neuf, depuis 1792	6	58
Madonine, depuis 1747, inclusivement	»	85
Georgine	1	09

GENÈVE.

Monnaie d'or.

Pistole neuve	17	14

Monnaies d'argent.

Écu patagon de 3 livres courantes	5	17
Genevoise, ou 12 florins 9 sous	5	95
Gros écu neuf (comme la pièce ci-dessus).		

HAMBOURG. (Villes anséatiques.)

Monnaies d'or.

Ducat (*ad legem imperii*)	11	86
Ducat nouveau de la ville	11	76

Monnaie d'argent.

Reichsthaler de constitution ou écu de banque.   5 f. 78 c.

HANOVRE. (Brunswick.)

Monnaies d'or.

Ducat de Georges Ier, de 1712................. 11   86
Florin de Georges II, de 1752................. 8   78

Monnaie d'argent.

Reichsthaler de constitution, ou écu de banque.   5   78

HESSE-CASSEL (Electorat de). ALLEMAGNE.

Monnaie d'or.

Pistole à l'étoile........................... 20   82

Monnaie d'argent.

Reichsthaler ou écu de convention. (*Comme l'Allemagne ou l'Autriche.*)

HESSE-DARMSTADT (grand-duché de).

Monnaies d'or.

Florin ou carolin du Rhin et de Hesse-Darmstadt. 25   91
Ducat. (*Comme l'Allemagne.*)

Monnaie d'argent.

Rixdale de convention. (*Comme l'Allemagne.*)

HOLLANDE.

Monnaies d'or.

Ducat d'or.................................. 11   93
Ryder d'or.................................. 31   65
Demi *id*................................... 15   83
Vingt florins du roi Louis (1808)............ 43   14
Dix florins,   *id*..................... 20   84
Dix florins de Guill., roi des Pays-Bas (1818) 11   82
Ducat d'or,   *id.*

Monnaies d'argent.

Ducat d'argent ou rixdale......................	5 f.	48 c.
Ducaton ou ryder..........................	6	85
Florin de 20 sous communs...................	2	16
Escalin, ou pièce de 6 sous..................	»	64
Trois florins de Guillaume	6	40
Ducat de *id.*....................	5	41
Ryder de *id.*....................	6	78

MALTE. (Ile de la Méditerranée.)

Monnaie d'or.

Louis d'or d'Emmanuel de Rohan , ayant cours pour 10 écus..............................	24	79

Monnaies d'argent.

Once ou pièce de 30 tarins, ayant cours pour 2 écus 6 tarins..........................	5	49
Écu ou scudo de 12 tarins..................	2	19

MILAN. (ITALIE.)

Monnaies d'or.

Doppia, ou pistole de Marie-Thérèse........	19	87
Id. de Joseph II............	19	87
Sequin.................................	12	04

Monnaies d'argent.

Pièce de Philippe III......................	6	74
Scudo, *de lire sei*, ou écu de 6 livres........	4	64
Demi *id.*........................	2	32
Lire nouvelle...........................	»	77
Pièce de 30 sous de François II, et de la république Cisalpine......................	1	12
Scudo, ou écu de la république Cisalpine.....	4	64

NAPLES ET SICILE.

Monnaies d'or.

Pistole de 6 ducats de don Carlos (1784).....	27	46
Id. de 4 *id.*..........................	18	30

Pistol. de 9 ducats de Ferdinand IV (1757)... 27 f. 46 c.
Id.   de 4 *id.*.......................... 18   30
Id.   de 2 *id.*.......................... 9   15
Double once de Sicile....................... 27   46
Once   *id.*........................ 13   73
Once de 3 ducats de Naples, depuis 1818..... 12   99
Once quintuple de 15 ducats, depuis 1818 (à
    proportion.)
Once décuple de 30 ducats, depuis 1818 (à
    proportion).

Monnaies d'argent.

Pièce de 12 carlins, nouvelle................ 5   10
Ducat de 10 *id.*........................... 4   26
Pièce de 6   *id.*........................... 2   55
Pièce de 2   *id.*........................... »   85
Carlin...................................... »   42

PARME (duché de). — ITALIE.

Monnaies d'or.

Double pistole vieille, de Plaisance......... »   »
Pistole avant 1786.......................... 23   01
Id.   depuis 1786......................... 21   91
Sequin...................................... 11   95

Monnaies d'argent.

Ducat de 1784 et 1796....................... 5   18
Pièce de 3 liv., depuis 1790................ »   68

PAYS-BAS (CI-DEVANT AUTRICHIENS).

Monnaies d'or.

Lion d'or, ou pièce de 14 florins, de la Belgique,
    Brabant et Pays-Bas autrichiens.......... 26   48
Souverains de Flandre et Pays-Bas autrichiens,
    ayant cours pour 6 couronnes............. 17   58
Doubles souverains (à proportion).
Ducat d'Empire, ayant cours pour 2 couronnes.
    (*Comme l'Allemagne.*)

14

Monnaies d'argent.

Couronne, ou écu de Brabant et Wurtemberg..	5 f.	75 c.
Florins de la Belgique, Brabant et Pays-Bas autrichiens..........................	1	83
Demi-florin (à proportion).		
Lion d'argent de la Belgique, Brabant et Pays-Bas autrichiens	6	39
Ducatons de Marie-Thérèse, de Flandre et Pays-Bas autrichiens......................	6	49

POLOGNE.

Monnaie d'or.

Ducat de 18 florins slote....................	11	86

Monnaie d'argent.

Thaler, ou écu de 1795....................	3	69

PORTUGAL.

Monnaies d'or.

Portugaise de 6400 rées...	45	27
Demi *id.* de 3200 *id*...................	22	64
Pièce de 16 testons, de 1600 rées...........	11	32
Id. 12 *id.* de 1200 *id*.............	8	49
Id. 8 *id.* de 800 *id*.............	5	66
Creuzade de 480 *id*...........	3	30

Monnaies d'argent.

Creuzade neuve de 480 rées................	2	94
Demi *id.* *id.* de 240 *id.*, ou 12 vintains (à proportion).		

PRUSSE.

Monnaies d'or.

Frédérick double de 1769..................	41	61
Frédérick simple de 1778..................	20	80
Demi *id.* (à proportion).		
Frédérick simple de 1798..................	»	»
Ducat....................................	11	77

Monnaies d'argent.

Thaler de Prusse, ou reischthaler courante de 24 bons gros............................... 3 f. 72 c.
Demi-thaler de Prusse, ou 12 bons gros (la moitié).
Reichsthaler species, ou de convention. (*Comme l'Allemagne.*)

RUSSIE.

Monnaies d'or.

Ducat de 1755, à l'aigle déployée...........	11	79
Id. de 1763, à la croix de Saint-André....	11	59
Impériale de 10 roubles de 1763............	41	29
Demi *id.* de 5 *id.* de 1763 (la moitié).		
Impériale de 10 *id.* de 1756............	52	38
Demi *id.* de 5 *id.* de 1756 (la moitié).		

Monnaies d'argent.

Rouble de 100 coppecks, de 1763...........	4	»
Demi *id*...............................	2	»
Rouble de 100 coppecks, de 1802 à 1807.....	4	01 $\frac{1}{4}$

SARDAIGNE (royaume de).

Monnaies d'or.

Carlins, depuis 1768.....................	49	33
Demi *id.* (à proportion).		
Pistole, 1786...........................	28	45

Monnaies d'argent.

Écu, depuis 1768.......................	4	70
Quart d'écu, } Demi-écu, } à proportion.		

SAVOIE et PIÉMONT.

Monnaies d'or.

Pistole neuve de 20 livres, de 1816..........	20	»
Sequin à l'annonciade.....................	11	95
Pistole neuve de Victor-Amédée III, de 1786, de 24 liv., et de Charles-Emmanuel IV.....	30	»

Carlin de Charles - Emmanuel III } . . . . 150 f. » c.
Carlin de Victor–Amédée III
Demi *id.* (à proportion).

Monnaies d'argent.

Ecu de 6 livres, depuis 1755. . . . . 7 07
Demi-écu (à proportion).
Un quart ou 30 sous. 1 77
Demi-quart ou 15 sous (à proportion).
Écu neuf de 5 livres, de 1816. . . . . 5 »

SAXE (Royaume de).

Monnaies d'or.

Ducat d'or, ayant cours pour $2\frac{5}{6}$ thalers. . . . . . , 11 86
Double-auguste de 10 thalers. 41 49

Monnaie d'argent.

Écu de convention. (*Comme l'Allemagne.*)

SUÈDE. (Stockholm.)

Monnaies d'or.

Ducat. 11 70 11 70
Demi-ducat, } à proportion.
Quart de ducat, }

Monnaies d'argent.

Rixdale species de 48 schellings, de 1720 à 1802. 5 76
  Id.   de 32 *id.* 3 84
  Id.   de 16 *id.* 1 92
  Id.   de 8   *id.* . . . . » 96

SUISSE.

Basle, Berne et Zurich.

Monnaies d'or.

Ducat de Basle. 11 64
Ducat de Berne. 11 64
Ducat de Zurich. 11 77
Pièce de 32 francken suisse. 47 63
  Id. de 16 *id.* (à proportion).
Pistole neuve de Berne. 23 56

Monnaies d'argent.

Écu de Basle de 30 batz, ou 2 florins......... 4 f. 56 c.
Florin d'*id*.................... (la moitié.)
Écu de Zurich........................... 4 70
Florin d'*id*.................... (la moitié.)

TOSCANE. (ITALIE.)

Monnaies d'or.

Ruspone, ou 3 sequins.................... 36 04
Sequin ou tiers de ruspone.................. 12 01
Demi-sequin.................... (la moitié.)
Sequin à l'effigie, *comme celui ci-dessus.*
Rosine............................. 21 54
Demi *id.* (à proportion).

Monnaies d'argent.

Livournine ....\
Piastre à la rose...................... } 5 61
Francescone ou 10 pauls .....öö........../
Demi *idem* de 5 pauls........ (la moitié.)

TURQUIE.

Monnaies d'or.

Sequin zermahboub, de Sélim III........... 7 30
  Id. zermahboub, du sultan Abdoul-Hamet,
   de 1187 (1773)...................... »   »
Sequin foudoukli, de Sélim III, de 1203 (1788,
   1789)........................... »   »
Demi-sequin, de 1203................. »   »
Sequin du Caire, *id*................. »   »
Sequin foudoukli.................. »   »

Monnaies d'argent.

Altmichlec de 60 paras, d'Abdoul-Hamet..... »   »
Piastre de 40 paras, ou 120 aspres, de 1780.. 2   »

VENISE.

Monnaies d'or.

Sequin.................................... 12 f. »c.
Demi-sequin 6   »
Oselle.................................... 47   07
Ducat 7   49
Pistole................................... 21   36

Monnaies d'argent.

Ducat effectif de 8 livres piccioli............ 4   18
Demi *id.* }
Quart *id.* } à proportion.
Écu à la croix............................ 6   70
Justine ou ducaton........................ 5   91
Talaro................................... 5   32
Oselle.................................... 2   07

WESTPHALIE.

Monnaie d'or.

Pistole à l'étoile......................... 20   82

Monnaie d'argent.

Reichsthaler, ou écu de convention. (*Comme
l'Allemagne ou l'Autriche.*)

WURTEMBERG (Royaume de).

Monnaies d'or.

Ducat. (*Voyez* AUTRICHE.)
Carolin d'or ou triple florin, ayant cours pour
    9 ½ florins de convention.. 25   88
2   florins.
1 ½   *Id.*   } dans la proportion.
1   *Id.* ou carolin.. }

Monnaie d'argent.

Reichsthaler ou écu de convention. (*Voyez* AU-
TRICHE.)

BANQUE DE FRANCE.

De tous les établissemens formés en faveur du commerce, il n'en est aucun de plus utile que celui de la Banque de France. Nous en ferons connaître ici les principaux détails.

Elle a, par les lois du 24 germinal an XI (14 avril 1803), 22 avril 1806, le privilége d'émettre seule des billets payables au porteur et à vue. Elle a ce privilége pour quarante ans, à compter du 23 septembre 1803.

Les opérations de la banque de France consistent, 1°. à escompter, à toutes personnes, des lettres de change et autres effets de commerce à ordre, à des échéances déterminées qui ne peuvent excéder trois mois, timbrés et garantis par trois signatures au moins, de commerçans et autres personnes notoirement solvables.

Elle admet néanmoins à escompte des effets garantis par deux signatures seulement, mais de personnes notoirement solvables, après s'être assurée qu'ils sont créés pour faits de marchandises ; si on a ajouté à la garantie des deux signatures un transfert d'actions de banque ou de cinq, de quatre et demi, de trois pour cent ou des annuités, ou des actions des canaux libérés, dont, en définition, le gouvernement est débiteur, ou autres effets publics dont il est débiteur.

2°. A faire des avances sur les effets publics qui lui sont remis en recouvrement à des échéances déterminées.

3°. A faire des avances sur des dépôts de lingots ou monnaies étrangères d'or et d'argent qui lui sont faits moyennant l'intérêt d'un pour cent l'an. Le terme fixé pour les dépôts est de quarante-cinq jours ; ils peuvent être renouvelés. L'intérêt est retenu sur les avances ; il reste acquis à la banque, quoique les dépôts soient retirés avant l'échéance. La banque peut disposer du dépôt s'il n'est pas retiré à l'échéance, ou s'il n'est pas renouvelé.

4°. A tenir une caisse de dépôts volontaires pour titres, effets publics nationaux ou étrangers, actions, contrats, obligations de toutes espèces, lettres de change, billets, et tous engagemens à ordre ou au porteur; les lingots d'or et d'argent, les monnaies d'or et d'argent nationales et étrangères, les diamans, moyennant un droit de garde sur la valeur estimative du dépôt; ce droit est d'un centime par mois pour 100 francs. On peut traiter à forfait pour les dépôts considérables et à long terme. Ce droit, payable d'avance, est acquis à la banque quoique le dépôt soit retiré avant le terme convenu.

5°. A se charger, pour le compte des particuliers et des établissemens publics, des effets qui lui sont remis.

6°. A recevoir en compte courant les sommes qui lui sont versées par des particuliers et des établissemens publics, et à payer les dispositions faites sur elles, et les engagemens pris à son domicile jusqu'à concurrence des sommes encaissées. La banque fournit aux personnes qui le désirent, des récépissés de toutes sommes payables à vue. Ces récépissés sont nominaux, ils ne sont payés que sur l'acquit de la personne qui les a reçus, ce qui prévient toute espèce de danger de soustraction de vol.

Pour être admis à l'escompte et avoir un compte courant à la banque, il faut en faire la demande par écrit au gouverneur, et l'accompagner d'un certificat signé du demandeur et de trois personnes connues qui certifient sa signature, et qu'il fait honneur à ses engagemens.

La banque ne peut admettre d'opposition sur les sommes qu'elle a en compte courant.

Ceux qui font des dispositions sur la banque sans lui en avoir fait les fonds pour les échéances, peuvent être privés de leur compte courant par le conseil-général de la banque.

On peut céder l'usufruit des actions de la banque, et, nonobstant cette session, on peut disposer de la nue-propriété.

Les actions de la banque peuvent être immobilisées par la simple déclaration du propriétaire ; dèslors elles sont à l'instar des immeubles de toute nature ; elles sont sujettes aux mêmes lois, elles ont les mêmes prérogatives. Un arrêt du Conseil-d'État, du 18 août 1825, a décidé que les actions immobilisées ne pouvaient pas être remobilisées, si ce n'est dans les cas prévus par les statuts de 1808 et 1809 concernant les majorats. Les actions immobilisées peuvent être affectées à la dotation d'un majorat.

TROISIÈME PARTIE.

DU COMMERCE EXTÉRIEUR.

CHAPITRE PREMIER.

CONSIDÉRATIONS GÉNÉRALES.

Les rapports d'un peuple avec les autres peuples, pour l'échange de la portion de ses produits qui lui est inutile, contre d'autres produits dont il manque, forment son commerce extérieur. On y comprend les relations avec les colonies, qui ont souvent une administration différente, et dont la prospérité peut être indépendante de celle de la métropole.

Dans un pays comme la France, dont la situation est si favorable, le commerce extérieur a lieu par les frontières de terre ou par la voie de la mer. Les marchandises fournies pour l'exportation peuvent être :

1°. Les produits naturels de notre sol, et plus spécialement ceux de l'agriculture ; ceux des pêches maritimes sont aussi rangés dans la même classe ;

2°. Les produits de notre industrie ou les objets fabriqués dans notre pays, soit que la matière première provienne de notre territoire, soit qu'elle provienne de l'étranger ;

3°. Les produits du sol ou de l'industrie de l'étranger reçus en entrepôt, pour être renvoyés à un autre peuple étranger ;

4°. La petite quantité de ces mêmes produits étrangers, qui peuvent être réexportés après avoir payé les droits de notre consommation.

Le commerce extérieur nous livre en échange :

1o. Des matières premières devant servir à nos manufactures ;

2°. Des produits naturels de l'étranger, propres à une consommation immédiate ;

3°. Des produits de l'industrie étrangère, également destinés à nos besoins ;

4°. Tous ces produits, soit naturels, soit fabriqués, sont reçus dans nos entrepôts pour alimenter un commerce de revente à d'autres peuples.

Nous fournissons jusqu'à nos frontières de terre les moyens de transport nécessaires à notre commerce extérieur ; mais, en cas d'entrée ou de sortie par mer, on peut faire usage :

1°. D'un navire français ;

2°. D'un navire étranger appartenant au pays avec lequel on trafique ;

3°. D'un navire appartenant à une autre nation que celle avec qui l'on traite.

L'opération d'exportation ou d'importation peut encore avoir lieu :

1°. Pour le compte d'un négociant français ;

2°. Pour le compte d'un négociant étranger.

Rechercher la balance du commerce dans une évaluation des importations et des exportations, faite sans tenir compte de toutes ces circonstances, c'est rechercher des résultats qui manquent de base, et peuvent, par cela même, être très souvent erronés.

La marchandise exportée est ordinairement estimée sur le prix courant du lieu de départ. Cette estimation est bien réellement la somme due, si l'envoi est fait pour le compte d'un commerçant étranger ; il faut même y ajouter le prix du fret si le transport a lieu sur un navire français. Lorsque les envois sont faits pour le compte d'un négociant français, il sera dû à la France la somme plus ou moins forte que les étrangers auront donnée en paiement de la marchandise portée chez eux.

Il règne de l'incertitude dans l'évaluation des marchandises importées, soit qu'on en prenne le prix aux lieux d'origine, soit qu'on suive le cours des ports d'arrivage. L'administration ne peut porter ses regards sur les comptes des négocians, et ce serait le seul moyen de parvenir à la connaissance des balances favorables ou défavorables. Mais ces mots sont vides de sens, aujourd'hui qu'il est prouvé que les pays avec lesquels nous gagnons beaucoup présentent des balances défavorables. Sans doute on abandonnera ces idées peu compatibles avec la science actuelle; de même que l'on finira par se convaincre qu'il y a autre chose à considérer comme but du commerce étranger, que des retours faits en métaux précieux.

L'Angleterre, plus que tout autre pays, offre l'application des principes qui viennent d'être développés.

On y comprend, dans les tableaux d'importation, tous les objets importés dans le pays, et même les articles restés en entrepôt pour la réexportation, parce que, dès que la marchandise est arrivée, elle fait partie de l'actif de la nation; son entrée ayant dû nécessairement donner lieu à une exportation quelconque.

Les tableaux d'exportation renferment également les diverses classes dont peuvent se composer les marchandises qui vont à l'étranger, et ils ont eu le soin de les partager en deux grandes sections:

1°. Les produits du sol ou de l'industrie anglaise;

2°. Les produits étrangers ou coloniaux réexportés.

Les seules quantités des marchandises énumérées forment la base de ces tableaux, l'évaluation officielle pouvant se trouver très-éloignée de la vérité.

Il faut remonter jusqu'à l'année 1696 pour trouver la date de la création, en Angleterre, d'un in-

specteur général des importations et exportations.
On ouvrit, à cette époque, des registres destinés à
recueillir le nombre, la dimension, le poids et la
valeur des marchandises déclarées aux officiers du
gouvernement, soit à l'entrée, soit à la sortie. La
valeur officielle de ces marchandises fut fixée alors ;
elle est demeurée un étalon invariable qui n'est jamais affecté par les prix de l'année courante. Une
évaluation analogue a été successivement donnée
aux articles introduits dans le commerce depuis
cette époque.

L'avantage de cette méthode est de montrer, dans
une seule colonne, sous la forme de sommes, l'accroissement ou la diminution des quantités compa-
ratives de marchandises entrées ou sorties d'une
année à l'autre.

La valeur officielle des marchandises d'importation fut établie sur le prix des lieux de production,
et non sur celui des lieux où elles se vendaient par
suite de l'introduction. La cause de cette préférence
s'explique par cette clause de l'*acte de navigation*,
qui, ne permettant l'importation des produits d'A-
sie, d'Afrique et d'Amérique, que sur navires anglais, et celle des produits d'Europe que sur les
mêmes navires ou sur les navires construits dans le
pays de production, réservait le fret presque total
des importations à la nation anglaise, et ne lui lais-
sait réellement à débourser que le prix du lieu d'o-
rigine. Depuis lors, les choses ont pris un autre
cours ; ainsi les quatre cinquièmes des produits des
États-Unis sont importés par les navires américains ;
mais les Anglais n'ont pas cru devoir changer de
mode, et ils ne prennent leurs tableaux en considération que sous le rapport des quantités, et non
sous celui des valeurs exactes.

L'estimation des objets d'exportation, aussi fixée
en 1696, n'a également subi aucune altération ;
mais en 1798, un droit de 2 p. 100, établi à la sortie,

dut être prélevé, non sur la valeur officielle, mais sur la valeur déclarée par l'expéditeur. Cette déclaration peut être regardée comme très rapprochée de la valeur courante du marché. Le négociant ne peut pas impunément augmenter le prix de ses factures, puisque le droit augmenterait en proportion, et que, d'un autre côté, la faculté de saisie laissée à la douane, et dont elle use quelquefois, ne lui permet pas de déclarer une valeur inexacte, sans qu'il compromette ses intérêts.

CHAPITRE II.

DOUANES.

C'est du régime des douanes que dépend, sous plusieurs rapports, la prospérité du commerce extérieur; c'est lui qui prescrit les conditions auxquelles on peut faire sortir les marchandises ou en recevoir de l'étranger; le Code des Douanes est, en quelque sorte, celui du commerce extérieur; nous nous y arrêterons donc comme à une partie essentielle de l'objet que nous traitons ici.

Ce régime a pour base une loi du 22 août 1791. De nombreux changemens y ont été faits; les uns regardent la partie réglementaire, les autres les droits perçus à l'entrée ou à la sortie des marchandises, les prohibitions et les entrepôts. Nous tâcherons de donner au négociant une idée suffisante de ces différens points.

La fonction des douanes est d'empêcher l'entrée des marchandises prohibées, la sortie de celles dont l'exportation est défendue, de percevoir les droits portés au tarif et de veiller à ce que rien n'y soit soustrait en passant en contrebande.

Une garde armée stationne jour et nuit le long

des confins et du rivage de la mer pour saisir au passage tout ce qui entre ou sort contre les lois, ou en fraude des droits établis sur les denrées et marchandises. Des sentinelles de la douane, peu écartées l'une de l'autre, sont postées d'Antibes à Dunkerque, de Dunkerque à Bayonne, de Bayonne à Perpignan, de Perpignan à Antibes, en suivant les frontières et les rivages. Des brigades détachées les appuient et parcourent sans cesse l'intervalle d'une frontière à l'autre, ce qui n'empêche pas qu'il entre encore beaucoup de marchandises en fraude, et qu'il se fait un assez grand commerce de contrebande.

Les bureaux sont échelonnés sur plusieurs rangs, soit pour se contrôler l'un l'autre, soit pour que ce qui aurait franchi un premier n'en pût éviter un second. Tous ne sont pas ouverts à toutes les marchandises indistinctement. Un certain nombre seulement jouit de cet accès, sans restriction, pour tous les articles non prohibés. D'autres ne peuvent donner passage aux denrées coloniales chargées de droits élevés ; un troisième ordre ne reçoit pas les marchandises qui acquittent plus de 20 fr. de droit principal par 100 kilogrammes. Il y a quelques dérogations à ces règles pour certains lieux ; mais, en général, elles sont observées rigoureusement pour empêcher la contrebande.

Sur la frontière de terre, le rayon de la police des douanes est de deux myriamètres (quatre lieues) de profondeur, de l'extrême frontière tirant dans l'intérieur. Le rayon, le long de la mer, n'est que de deux lieues (un myriamètre). Mais aussi la douane, par ses embarcations, exerce sa police sur la mer à quatre lieues en avant des côtes. Lorsqu'il y a des ports intérieurs sur les rivières ou canaux qui conduisent à la mer, le rayon suit les deux bords ; il remonte jusqu'au bureau des douanes le plus intérieur. A raison de la garde extérieure en mer et de la difficulté de débarquer, la circulation le long des côtes est soumise à moins d'entraves. Les tissus et les denrées coloniales n'y peuvent voyager de nuit, mais ils le peuvent de jour, et les autres marchandises y circulent sans formalité; il n'y a d'exception que pour un petit nombre de ceux dont la sortie est prohibée, et qui ne peuvent s'approcher de la côte sans être surveillés.

La police est plus sévère dans le rayon de la frontière de terre. Nulle marchandise ne peut y circuler qu'avec une *expédition de douane* (acquit ou passavant), excepté les bestiaux, les boissons et les menues denrées de bouche; encore faut-il qu'elles ne fassent pas route vers l'étranger, si ce n'est les jours de foire ou de marché tenus de ce côté. Excepté dans les lieux de deux mille âmes de population agglomérée, aucun magasin ou entrepôt ne peut être tenu dans les quatre lieues de ce rayon pour les marchandises de la nature de celles qui sont prohibées soit à l'entrée, soit à la sortie.

Aucune manufacture, dont les produits pourraient masquer la fraude, ne peut s'établir hors des villes, dans le rayon des douanes, sans une permission de l'autorité, et avec l'assentiment de l'administration des douanes.

Tel est en substance le régime des douanes quant aux importations et aux exportations, pour les personnes qui habitent près des frontières de terre ou de mer. Quant aux marchandises, le transport y est soumis à des réglemens plus particuliers. Au premier bureau que l'on rencontre, le conducteur doit faire la déclaration de ce qu'il conduit; particulièrement ce qui vient de l'étranger ne peut dépasser le bureau le plus avancé sans payer le droit. Ce n'est qu'avec la permission de la douane que les objets peuvent être conduits sans *plomb* de ce premier bureau au second pour y être visités et satisfaire aux droits. En ce cas il suffit, à l'entrée, d'une déclaration sommaire qui doit faire connaître le poids et la nature ou espèce de marchandises transportées. La déclaration, plus détaillée, faite au second bureau, doit être conforme pour le fond à la première, mais expliquer les diverses qualités des objets, s'il y en a de plusieurs sortes.

Les marchandises qui arrivent par mer sont reçues avec les mêmes précautions. Le capitaine qui les conduit, fait, à l'arrivée, la déclaration sommaire de chaque partie de son chargement; le propriétaire ou consignataire respectif fait la déclaration de détail avant de retirer ce qui le concerne. Les déclarations trouvées fausses en qualité ou en quantité occasionnent la saisie pour la contravention.

S'il y a seulement contestation sur la quantité relativement à la gradation des droits ou sur l'espèce, des experts, établis à Paris auprès du ministre du commerce, donnent officiellement leurs avis. (Si ce sont des denrées coloniales, ils appellent deux négocians.) Si la partie intéressée ne veut pas s'en tenir à cette expertise, la question est alors portée devant les tribunaux, mais il est extrêmement rare qu'on aille si loin. Les membres du jury ou conseil d'expertise jugent en général avec beaucoup de sagacité, de justice et de connaissance de la matière.

La sortie des marchandises a des formalités correspondantes à leur entrée; déclaration au premier bureau des douanes, visite, paiement des droits; l'embarquement ou le transport par-delà la frontière, suivis et constatés dans le cas où l'administration y a intérêt.

Quelques *bureaux d'expéditions* sont placés à l'intérieur, comme à Lyon, à Paris, afin de faciliter les envois au-dehors des produits des fabriques. L'expéditeur doit faire lui-même à ces bureaux les déclarations qui auraient été faites à la frontière par un commissionnaire ou un voiturier. La visite se fait sous ses yeux; il veille au soin du remballage; les ballots sont plombés et voyagent intacts jusqu'à la sortie du territoire; les bureaux où ils passent n'ont qu'à vérifier le *plomb*; pour le rompre, et procéder à une visite, il faut un indice de fraude.

Quelquefois, mais rarement, et lorsque le négociant en a obtenu la permission, les effets venant de l'étranger sont expédiés dans la même forme, sous plomb, de la frontière à un bureau intérieur, lorsque, suivant leur nature, leur déballage paraît mériter cette précaution.

La surveillance des douanes s'étend aussi sur les marchandises admises à jouir de l'entrepôt, c'est-à-dire de la faculté, pendant un certain temps, d'être réexportées en franchise de droits d'entrée, ou bien de ne l'acquitter qu'au moment où elles sont demandées par le consommateur.

Lorsqu'une marchandise avait dépassé la ligne des douanes elle ne pouvait être recherchée dans l'intérieur, jusqu'à l'époque de la loi du 28 avril 1816 qui a introduit un grand changement à cet égard; elle ordonne que les cotons filés et les tissus étrangers de nature prohibée, c'est-à-dire ceux de laine et de coton, doivent être recherchées et saisies par toute la France. Les employés des douanes, dans leur rayon, et les officiers de police sont chargés de ces recherches. Les échantillons des articles saisis sont envoyés sous cachet au ministre, qui les transmet à un jury assermenté composé de fabricans notables qui décide si la marchandise saisie est de fabrique française ou étrangère. Dans le doute, le jury est autorisé à demander des preuves pour établir sa conviction. (1)

Le paiement des droits de douanes est exigible

______

(1) En vertu de la loi du 28 avril 1816 les étoffes françaises de même espèce que celles qui sont prohibées, doivent porter une marque; nous en parlerons dans la partie des manufactures.

comptant; néanmoins il est permis d'accorder pour ceux d'entrée un crédit de quatre mois contre des effets de commerce sur Paris, dûment acceptés, ou au moyen de soumissions solidaires entre deux souscripteurs solvables, payables chez le receveur-général du département ou le receveur de l'arrondissement où est situé le bureau des douanes. Le receveur des douanes, autorisé et non obligé à faire ce crédit, en est responsable envers l'Etat, et c'est pour prix de son consentement sujet à quelque risque, qu'il lui est permis d'exiger du négociant une prime de demi pour cent sur le montant dont il accorde le crédit.

Quant aux entrepôts, qui sont aussi une espèce de crédit des droits, ils sont réels ou fictifs; le réel est un dépôt dans un magasin dont la douane tient la clef; mais comme souvent les villes d'entrepôt n'ont point de local assez grand, on permet aux négocians de faire usage de magasins séparés. Chacun est fermé à deux clefs; la douane tient l'une, le propriétaire l'autre, et celui-ci ne peut y pénétrer sans le concours des employés de l'administration.

L'entrepôt est *fictif* quand il est permis au négociant de retirer chez lui, et d'emmagasiner à son gré sa marchandise, moyennant sa soumission cautionnée de réexporter ou de payer le droit à l'expiration des termes de l'entrepôt, ou plutôt, si la marchandise entre en consommation; à raison de cette dernière condition, les préposés des douanes peuvent faire en tout temps le recensement des marchandises existantes chez chaque négociant jouissant de l'entrepôt fictif.

Les villes auxquelles les entrepôts sont accordés sont désignées par les lois; nous en donnerons le tableau plus loin. Les bois et autres articles d'encombrement peuvent être délivrés en entrepôt fictif; les laines et cotons étrangers peuvent aussi y être tenus, mais en apposant des marques à chaque balle, et en les soumettant en quelque sorte à une surveillance d'entrepôt réel.

A Marseille, par un régime particulier (1), un grand nombre de marchandises non prohibées peuvent être confiées aux négocians en entrepôt fictif; mais les denrées coloniales étrangères, les objets fabriqués et les liquides ne peuvent être qu'à l'entrepôt réel. Quoique la durée de l'entrepôt ne soit que d'un an, celui de Marseille a deux ans de terme.

Strasbourg a un entrepôt pour les marchandises non prohibées entrant par le Rhin, mais les denrées coloniales n'y sont admises que pour le commerce à l'étranger.

L'entrepôt de Lyon est le seul qui, jusqu'à présent, existe dans l'intérieur. On y reçoit les marchandises non prohibées de Marseille et des grands ports de l'Océan; elles peuvent y rester huit mois avant de payer le droit de consommation et d'être réexportées en Piémont ou en Suisse. C'est d'ailleurs un des dépôts de soie du Piémont. (2)

C'est sous la formalité d'un acquit à caution (3) que les marchandises passent d'un entrepôt à l'autre; l'expéditeur fait une déclaration détaillée de ce qu'il envoie; il fournit sa soumission cautionnée de payer les trois amendes, et de représenter la valeur de la

---

(1) Ordonnance du Roi du 10 septembre 1817.

(2) Ordonnance du Roi du 11 juin 1816.

(3) En terme de douane on donne ce nom à un billet que les commis délivrent à un particulier qui se rend caution qu'une balle de marchandises sera vue et visitée au bureau de sa destination, et que les droits y seront acquittés; en conséquence, la balle est ficelée, plombée, et par là exempte de toute visite dans la route. Arrivée au lieu de sa destination, les commis en font la visite et perçoivent le droit, dont ils délivrent un certificat, qui sert de décharge à celui qui s'est porté caution.

marchandise pour être confisquée s'il ne justifie pas de la sortie réelle, et s'il ne rapporte pas à cet effet l'acquit à caution qu'on lui délivre pour servir d'expédition, dûment déchargé par les préposés du bureau de sortie qu'il a indiqué au départ. Les objets ainsi expédiés voyagent sous plomb; ils ne peuvent s'arrêter en route, et le retard, si ce n'est pour cause d'accident justifié, suffit pour soumettre à une condamnation l'expéditeur et sa caution.

Un certain nombre d'articles non prohibés mais fabriqués, y compris les tissus de lin ou de chanvre, sont admis au transit moyennant le paiement du vingtième du droit dont ils seraient passibles en entrant dans la consommation (1). Les denrées coloniales étrangères, et quelques autres matières premières, transitent en payant un simple droit dit de *balance*, de 51 centimes par quintal, ou de 15 centimes par franc de valeur, au choix du propriétaire. (2)

Les soies d'Italie et de Piémont transitent par la Suisse, pour l'Allemagne ou pour l'embarquement au Havre, ou à Calais, à condition d'arriver d'abord à l'entrepôt de Lyon, où celles qui sont destinées à la consommation peuvent rester dix-huit mois en franchise. Toutes les marchandises non prohibées, excepté les liquides, et celles qui ne sont pas susceptibles d'être emballées entrant par Marseille, sont admises à transiter; on exige l'emballage afin que la marchandise voyage sous un plomb, et même pour le transit des objets fabriqués, sous un double plomb. On a cru cependant pouvoir laisser transiter le fer en barre, qu'il serait difficile d'emballer; un poinçon appliqué sur les barres garantit mieux l'identité qu'un plomb attaché.

Il y a plusieurs objets dont l'exportation est pro-

(1) Loi du 27 mars 1817.
(2) Loi du 17 décembre 1814.

hibée, tels que les chiffons propres à la fabrication du papier (1); ils ne peuvent être entreposés sans une permission expresse dans le rayon des douanes, et toute quantité ramassée excédant vingt-cinq kilogrammes est réputée entrepôt. On apporte un très grand soin à en prévenir l'exportation, et le transport de cette espèce de matière première est assujetti à de nombreuses formalités.

Les livres venant de l'étranger sont déclarés à l'entrée, et expédiés sous plomb et par acquit à caution pour Paris, à la douane, et pour les autres destinations aux préfectures respectives; l'acquit à caution est déchargé pour le paiement des droits.

Ces droits sont gradués, savoir, pour les langues mortes ou étrangères, à 10 fr. pour les cent kilogrammes, même quand ils portent la traduction française en regard. (2)

En français, les mémoires scientifiques paient 50 fr.; les autres ouvrages imprimés dans l'étranger, 100 fr.; les ouvrages publiés en France et réimprimés dans l'étranger, 150 fr.; pour ceux-ci, il ne faut entendre que les ouvrages que tout le monde peut réimprimer, parce qu'ils sont tombés dans le *domaine public;* autrement l'édition qui en serait faite dans l'étranger est une contrefaçon dont l'introduction est prohibée.

---

(1) Loi du 3 avril 1793.

(2) Loi du 27 mars 1817. En citant les droits de douane, on n'entend dans ce qui précède que le *droit principal,* c'est-à-dire celui que paient les objets arrivant par mer sur navire français; une surtaxe, dite de *navigation,* dont on parle ailleurs, est ajoutée pour tout ce qui entre par d'autres voies ou moyens. Ainsi sur les livres venant par navire *étranger* ou par terre, les droits ci-dessus sont portés à 11 fr. 55 cent.; 107 fr. 50 cent.; et 160 fr.

Il y a sur le tout une perception d'un centime en sus, qui est générale sur les contributions indirectes.

Les cartes géographiques paient 3oo fr. le quintal décimal ; les gravures, le même droit, et en sus cinq pour cent de la valeur ; la musique gravée de même.

Les grains ne passent d'un port de France à l'autre qu'en vertu de permis donnés par les préfets ; car le crédit s'épuise ou se renouvelle. La permission de sortir a été réglée par une loi du 2 décembre 1814 ; et celle d'entrer, par la loi du 16 juillet 1819 : celle des douanes, du 7 juin 1820, en a changé quelques dispositions. Il résulte de ces dispositions, que les grains peuvent sortir lorsque leur prix est tombé dans les ports désignés par une ordonnance du Roi, au-dessous d'une certaine limite, et que lorsqu'il y est remonté, l'exportation cesse d'elle-même et est défendue. Quand les grains sont à bas prix, ceux de l'extérieur ne peuvent entrer ; le cours s'élevant à un certain point combiné avec la mesure qui sert à l'exportation, ils peuvent entrer d'abord en payant, outre un droit permanent, un droit de 4 fr. par hectolitre ; celui-ci diminue d'un franc, à mesure que le cours des grains a monté d'un franc ; il est encore d'un franc lorsque les fromens ont atteint le prix où la sortie est défendue ; cette limite excédée, l'importation est débarrassée du droit variable.

Les départemens frontières ou maritimes sont partagés en trois classes, dans lesquelles c'est un cours différent du prix des grains qui est le point de départ pour fixer celui où l'exportation est prohibée.

Pour régler l'exécution de la mesure sur l'exportation des grains, le gouvernement publie, tous les premiers du mois, le prix légal du froment dans chaque division des départemens. Chacun sait alors, dans sa localité, si l'exportation est permise, et à quel prix les blés s'y vendent. Les farines participent à ce régime, d'après les mêmes données. Quand l'importation des grains de l'étranger n'est pas permise, on peut toujours importer par *entrepôt*. La réexportation des grains entreposés est libre en tout temps, même lorsque l'exportation est prohibée. (1)

Primes et restitutions du droit d'entrée.

Plusieurs articles fabriqués dans l'intérieur avec des matières venues de l'étranger, et qui ont payé des droits d'entrée, jouissent, quand elles sont exportées, d'une prime qui est censée la restitution du droit d'entrée que la marchandise a payé.

Ces articles sont d'abord, les cotons filés et les tissus de coton pur (2), car les étoffes mélangées ne sont point admises à cette faveur. Le caractère de *nationalité* doit être vérifié à la douane d'expédition, ou certifié par le conseil des prud'hommes du lieu de départ ; les moyens de fabrique sont une condition nécessaire. Le dernier bureau des douanes de la frontière procède au déballage et à la reconnaissance en détail des marchandises ; après quoi on les fait escorter pour les voir franchir la frontière. Sur le certificat qui en est rapporté, le paiement de la prime est ordonné à Paris, par le directeur général des douanes.

Les sucres raffinés exportés, jouissent d'une prime semblable ; les certificats d'origine pris chez les fabricans, sont visés et attestés par le maire. La régularisation de ces pièces est examinée et certifiée au lieu de sortie, par un jury de commerçans, nommés par le ministre, sur la présentation des chambres de commerce. (3)

Une ordonnance du Roi, du 15 janvier 1823, a réglé les primes d'exportation à accorder aux produits obtenus du raffinage des sucres étrangers, qui

----

(1) Voy. *Seconde partie*, chap. 1.

(2) Loi du 28 avril 1816, ordonnance du Roi du 2 janvier 1817, et loi du 2 avril 1818.

(3) Loi du 16 avril 1816 ; ordon. du Roi du 27 mars 1817.

auront été apportés par des navires français, des pays hors d'Europe, ainsi qu'il suit :

Sucres fins en pains, au-dessous de six kilogrammes, produits des sucres bruts autres que blancs, venant des établissemens français et étrangers, de l'Inde, payant à l'entrée, les premiers, 93 fr. 50 c., les seconds, 99 fr., reçoivent à la sortie la prime de 136 fr. 25 c. les premiers, et 144 fr. 25 c. les seconds.

Les sucres de la Havane, du Brésil, et autres du crû des Antilles, et du continent de l'Amérique, payant à l'entrée 104 fr. 50 c., reçoivent de prime, à la sortie, ceux de la Havane et du Brésil, 154 fr. 47 c.; et les seconds, 149 fr. 72 c.

Les sucres des établissemens français de l'Inde, payant 110 fr. à l'entrée, reçoivent 150 fr. 59 c. à la sortie.

Ceux des comptoirs étrangers, dans la même partie du monde, payant 115 fr. 50 c. d'entrée, reçoivent 158 fr. 15 c. de prime.

Les sucres de toutes les contrées d'Amérique, sans distinction, payant 126 fr. 50 c. d'entrée, reçoivent une prime de 159 fr. 50 c.

Les savons de la fabrique de Marseille (car jusqu'à présent cette mesure n'a pas été étendue aux autres fabriques) jouissent, à l'exportation, de la restitution du droit perçu sur cinquante-huit kilogrammes d'huile, et trente-cinq kilogrammes de soude, pour chaque quintal de savon exporté; mais c'est à condition de justifier que l'huile et la soude viennent de l'étranger, et avaient payé le droit. (1)

Il y a une prime accordée à l'exportation des acides sulfurique et nitrique (huile de vitriol et eau-forte). Il y en a une pour la sortie des meubles d'acajou massif ou de placage ; enfin, on en a décerné une à l'exportation des tissus de laine, à raison

____

(1) Loi du 21 avril 1818.

du droit d'entrée des laines étrangères : nous parlons de celle-ci plus en détail en traitant des matières premières employées aux fabriques de laine.

Terminons ces renseignemens, en observant que la loi du 7 juin 1820 assimile l'exportation pour nos colonies, quant à la concession de la prime, à l'exportation à l'étranger, excepté ce qui concerne le sucre.

Néanmoins, une ordonnance du Roi, du 25 septembre 1822, ayant pour objet de faciliter la réexportation à l'étranger, des produits du sol et des manufactures de France, importés dans les colonies françaises, porte « que les produits du sol et des manufactures de France, introduits par bâtimens français dans les colonies de la Martinique, de la Guadeloupe, de Cayenne, et qui en seront réexportés à l'étranger, obtiendront à leur sortie, sous quelque pavillon qu'ils soient expédiés, le remboursement des droits qu'ils auront acquittés à l'entrée, sur la représentation des quittances dudit droit.

« Il ne pourra, en aucun cas, être perçu de droit à la sortie de ces produits. »

Nous nous sommes arrêté aux nombreux détails qu'on vient de lire, parce qu'ils tiennent essentiellement au commerce extérieur, et font la règle à suivre dans les expéditions et spéculations qui en dépendent; c'est par la même raison que nous terminerons ce long et important chapitre, par la dernière loi sur les droits que paient les marchandises à l'entrée et à la sortie de France; le tarif en a été réglé ainsi qu'il suit, par la loi du 17 mai 1826.

IMPORTATIONS.

Article 1er. Les droits d'entrée seront, à l'égard des marchandises ci-après dénommées, établis ou modifiés de la manière suivante :

§. Ier.

Laines en masse de toute espèce, y compris celles
de vigogne et de lama, 30 p. 100 de la valeur et en
poids net.

Toutefois il ne sera point admis de valeur au-
dessous de 1 fr. par kilogramme pour les laines
brutes, de 2 fr. pour les laines lavées à froid, et de
3 fr. pour les laines lavées à chaud.

En cas de fausse déclaration de valeur, l'administration des douanes ou ses agens feront usage du
droit de perception tel qu'il est rédigé par la loi du
13 avril 1796 (4 floréal an IV). Ce droit devra être
exercé dans le délai de dix jours.

Des ordonnances du Roi détermineront les bureaux de douanes par lesquels l'importation des
laines sera permise.

*Droits par 100 kilogrammes, sauf pour les articles spécialement
taxés au kilogramme, au nombre ou à la mesure.*

	fr.	c.
Laines teintes de toute sorte....................	300	»
Viandes de boucherie.. { fraîches...................	18	»
{ salées.. { de porc, lard compris.	33	»
{ autres...............	30	»
Moutons, béliers et brebis, mérinos ou métis, par tête.	5	»
Agneaux.............. *idem.* *idem.*	»	30

Lorsque la laine des moutons, béliers, brebis et
agneaux, soit mérinos, soit métis, soit communs,
se trouvera avoir plus de quatre mois de croissance,
on percevra, indépendamment des droits ci-dessus,
les droits de la laine, selon son espèce.

	fr.	c.
Chevaux entiers ou hongres, et jumens, par tête..	50	»
Poulains de toute espèce................ *idem.*	15	»
Légumes secs et leurs farines.................	10	»
Antimoine.. { sulfuré.........................	11	»
{ métallique, y compris les carac-		
tères d'imprimerie hors d'usage,		
et le plomb allié d'antimoine....	26	»

Mâchefer (*le cinquième du droit de la fonte brute*).

			fr.	c.
Ardoises pour toiture,	par mer, et de la mer à Baisieux exclusivement,	de plus de 27 cent. (10 pouces) de largeur, le mille...............	40	»
		de 22 excl. à 27 incl. (8 à 10 p.) idem............................	30	»
		de 19 exclus. à 22 incl. (7 à 8 p.) idem.........................	14	»
		de 19 incl. (7 pouces) ou moins, idem.........................	7	»
	par toutes les autres frontières de terre, et de toutes dimensions, le mille..............		7	50

Houblon.............................. 60 »

Céruse, sans distinction de forme. (*Droits actuels.*)

§. II.

	fr.	c.
Cordages de chanvre et filets neufs ou en état de servir............................	25	»
Fil à dentelle, le kilogramme..................	10	»
Linge de table en fils, ouvragé, blanchi, en pièces.	400	»

Toiles de lin ou de chanvre, écrues, avec ou sans apprêt (y compris les mouchoirs) dont la chaîne présente, dans l'espace de 5 millimètres......	7 fils et au-dessous.	30	»
	8 , 9, 10 et 11 fils..	65	»
	12, 13, 14 et 15 fils.	105	»
	16 et 17 fils........	170	»
	18 et 19 fils........	240	»
	20 fils et au-dessus.	350	»

Les toiles blanches ou mi-blanches, et celles imprimées, paieront le double des droits ci-dessus fixés pour chaque division.

Les pièces de lingerie cousues paieront le même droit que les tissus dont elles sont formées, et le dixième en sus.

Toiles à matelas, sans distinction de fils........	130	»
Coutils...............................	200	»
Autres toiles croisées.....................	300	»

Toiles teintes	de 7 fils et au-dessous. (*Droit actuel.*)		
	de 8 , 9, 10 et 11 fils. (*Droit actuel.*)		
	de 12, 13, 14 et 15 fils.....	120	»
	de 16 et 17 fils............	200	»
	de 18 et 19 fils............	230	»
	de 20 fils et au-dessus.......	420	»

Les droits des toiles continueront à être perçus sans distinction de mode de transport.

	fr.	c.
Couvertures de laine............................	200	»
Tapis de laine et fil, tous autres demeurant prohibés,		
simples..	160	»
à nœuds......................................	300	»
Burail et crêpon................................	200	»
Passementerie de pure laine blanche............	220	»
teinte....................	250	»
mélangée de laine, de fil, ou de poil.	250	»
Acier fondu en barres..........................	120	»
en tôle ou filé............................	140	»
Graisses de poisson, de pêche étrangère, sans dis-		
tinction des dégras, par navires français,		
des pays hors d'Europe......................	40	»
des entrepôts..............................	48	»
par navires étrangers,	56	»

Blanc de baleine ou de cachalot, de pêche étrangère		
brut........	40	»
pressé......	60	»
raffiné......	150	«

Bougies de blanc de baleine ou de cachalot...... 220 »

Extraits de quinquina, chromates de plomb et de potasse, et autres produits chimiques non dénommés. (*Prohibés.*)

Tuiles	plates et briques... le mille.	4	»
	bombées......... *idem.*	10	»
	faîtières.......... *idem.*	25	»
Carreaux de terre.................. *idem.*		10	»
Crayons	à gaine de cèdre..........	200	»
	à gaine de bois blanc......	100	»
Plumes à écrire...	brutes. (*Droits actuels.*)		
	apprêtées	240	»
Chapeaux de paille, d'écorce, ou de sparterie.....	grossiers......... la pièce.	»	25
	fins............... *idem.*	1	25

Seront considérés comme grossiers les chapeaux ayant moins de quatorze tresses dans l'espace d'un décimètre ; et comme fins, ceux offrant quatorze tresses et au-delà dans le même espace

Les chapeaux de paille coupés et ouvragés seront

traités comme fins, quelle que soit la largeur des tresses.

Meules à aiguiser, de dimensions plus fortes que   fr. c.
celles indiquées au tarif actuel...... la pièce.   5   »

La liste des objets pouvant être admis comme mercerie, arrêtée en vertu de l'art. 15 de la loi du 28 avril 1816, sera révisée par ordonnance du Roi, à l'effet de renvoyer aux classes auxquelles ils appartiennent réellement les articles qu'il ne convient plus de ranger sous ce titre.

Marbres bruts, simplement écarris, et marbres blancs statuaires ébauchés :

    1°. Blanc veiné............................⎫
      Bardille...............................⎪
      Bleu turquie...........................⎬   5   »
      Brocatelle.............................⎭
    2°. Blanc clair non veiné, varié de couleurs..   10   »
    3°. Blanc statuaire.......................⎫
      Jaune de Sienne.......................⎪
      Vert de mer...........................⎬   15   »
      Portor................................⎭
    4°. Autres. (*Droits actuels.*)

Marbres des trois premières classes, sciés sans aucune autre main-d'œuvre, et ayant d'épaisseur:

plus de 16 centimètres. (*Même droit que bruts.*)
de 3 cent. excl. à 16 incl. (*Moitié en sus desdits droits.*)
de 3 centimètres ou moins. (*Le double desdits droits.*)

Marbres de la 4ᵉ classe, sciés sans aucune autre main-d'œuvre, c'est-à-dire n'ayant subi de sciage que sur deux faces, et ayant d'épaisseur :

plus de 16 centimètres........... ⎫
de 3 cent. exclus. à 16 inclusiv. ⎬ *Droits actuels.*
de 2 à 3 centimètres........... ⎪
moins de 2 centimètres....... ⎭

Les mêmes sciés sur deux faces, et ayant reçu en outre une main-d'œuvre autre que la taille de la carrière, paieront, selon leur épaisseur, moitié en sus des droits ci-dessus.

§. III.

	fr.	c.
Cobalt grillé, dit safre......................	»	5o
Émeril en pierre.........................	2	»
en poudre.........................	8	»

Peaux de moutons revêtues de leur laine :
fraîches. (*Demi du droit* des laines brutes ou lavées à froid, suivant leur valeur.)
sèches........ (*Deux tiers* idem.)

§. IV.

Cacao autre que celui des colonies françaises,
par navires français, des pays hors d'Europe.. 100 »
des entrepôts.......... 140 »
par navires étrangers..................... 160 »
Écorces de quinquina, par navires français, le kil.. » 5o
par navires étrangers, *idem* 1 »
Borax brut, par navires français, de l'Inde...... 5o »
d'ailleurs...... 100 »
par navires étrangers .... 125 »
mi-raffiné, par navires français, de l'Inde. 65 »
d'ailleurs. 13o »
par navires étrangers........ 162 5o
raffiné. (*Droits actuels.*)

Le borax brut destiné au raffinage pourra être
être importé aux droits ci-après, à charge de réexporter, dans l'année, même poids de borax naturel
raffiné : par navires français.................. » 5o
par navires étrangers .... 2 »
Thé, par navires français, de l'Inde..... le kil.. 1 5o
d'ailleurs..... *idem.* 5 »
par navires étrangers............. *idem.* 6 »
Poivre et piment, par navires français, de l'Inde. 60 »
d'ailleurs. 120 »
par navires étrangers........ 150 »
Cannelle fine, par navires français, de l'Inde, le kil. 2 »
d'ailleurs, *idem.* 6 »
par navires étrangers........ *idem.* 8 5o
Cannelle commune et *cassia lignea*. (*Le tiers des droits ci-dess.*)

Muscades rondes et macis, par navires français,   fr. c.
    de l'Inde...................................... le kil.   4   »
    d'ailleurs,........................., *idem.*   12   »
    par navires étrangers................*idem.*   15   »
Muscades longues en coque. (*Moitié des droits ci-dessus.*)
Laque naturelle, par navires français, de l'Inde..   50   »
                     d'ailleurs.. 100   v
        par navires étrangers...,.... 125   »
Laque préparée. (*Le double des droits ci-dessus.*)
Nacre de perle brute, par nav. français, de l'Indé.   30   »
                    d'ailleurs.   60   »
        par navires étrangers.....   80   »
Nacre de perle sciée ou dépouillée de sa croûte.
    (*Le double des droits ci-dessus.*)
Soie grège de l'Inde, par nav. franç. seulem., le kil.   »   50
Bambous et joncs forts, par navires français,
    de l'Inde...................................   80   »
    d'ailleurs.................................,. 160   »
    par navires étrangers...................... 200   »
Rotins de petit calibre. (*Moitié des droits ci-dess.*)
Étain brut, par navires français, de l'Inde......   2   »
                 d'ailleurs......   6   »
        par navires étrangers............   8   »
Salpêtre brut, par navires français, de l'Inde....   72   50
              d'ailleurs....   85   »
        par navires étrangers........... 100   »
Dents d'éléphant entières, par navires français,
    de l'Inde...................................   80   »
    d'ailleurs, hors d'Europe.............. 100   »
    des entrepôts............................. 140   »
    par navires étrangers................... 170   »
Dents d'éléphant sciées. (*Le double des droits ci-dessus.*)
Indigo, par navires français, de l'Inde... le kil.   »   75
      d'ailleurs, hors d'Europe, *idem.*   1   »
      des entrepôts........... *idem.*   3   »
      par navires étrangers..... *idem.*   4   »
Curcuma en racine, par navires français, de l'Inde.   35   »
      d'ailleurs, hors d'Europe.......   50   »
      des entrepôts................. 100   »
      par navires étrangers.......... 110   »
Il n'en sera point admis en poudre.

	fr.	c.
Ecaille de tortue, par navires français, de l'Inde..	100	»
d'ailleurs, hors d'Europe......	150	»
des entrepôts................	200	»
par navires étrangers..........	300	»

Les onglons, moitié, et les roguures, le quart des droits ci-dessus.

Bois d'ébénisterie non spécialement taxés :

par navires français, de l'Inde............	10	»
d'ailleurs, hors d'Europe.	15	»
des entrepôts......................	30	»
par navires étrangers................	40	»

Résineux exotiques non spécialement taxés :

par navires français, de l'Inde............	50	»
d'ailleurs, hors d'Europe................	90	»
des entrepôts....................	100	»
par navires étrangers................	125	»

La distinction de comptoirs français et de comptoirs étrangers dans l'Inde sera supprimée dans les tarifs ; et les articles de l'une ou l'autre de ces provenances, non dénommés dans ce paragraphe, ne paieront à l'avenir que les droits maintenant imposés sur les mêmes articles provenant des comptoirs français.

La distinction établie par la loi du 27 juillet 1822, entre les bœufs, vaches et porcs gras et maigres, est supprimée. Ils paieront uniformément le *maximum* des droits actuels.

Art. 2. Les droits spéciaux en faveur de certaines denrées provenant du crû des colonies françaises dans les deux Indes et en Afrique, seront établis de la manière suivante :

Sucres de toutes les colonies....................
Café de toutes les colonies....................
Bois de campêche de toutes les colonies.......... *Droits*
Confitures, sirops, rhum et tafia de toutes les co- *actuels.*
lonies....................
Liqueurs de la Martinique....................

Mélasse de toutes les colonies................	12	»
Coton, sans distinction d'espèce, de toutes les colonies................	5	»
Cacao de toutes les colonies................	60	»
Poivre de la Guiane....................	40	»

Girofle de la Guiane et de l'île Bourbon, rocou et
    cassia lignea de la Guiane. (*Droits actuels.*)   fr. c.
Bois d'ébénisterie, de la Guiane et du Sénégal...   1 »
Grandes peaux brutes sèches. }
Cire brune non clarifiée..... } du Sénégal. (*Droits actuels.*)
Dents d'éléphant.......... }
Gommes pures........... }
Salsepareille, du crû du Sénégal............... 40 »
Séné (feuilles et follicules de), du crû du Sénégal. 20 »

Les autres produits des colonies françaises acquitteront, à leur entrée en France, les mêmes droits que les productions de même espèce importées de l'Inde ou des pays hors d'Europe, par navires français, selon la situation desdites colonies.

Art. 3. Pour l'importation des objets ci-après dans l'île de Corse, par quelque bureau que ce soit, les droits seront :

Porcs de six mois et au-dessous........ par tête. 2 »
    au-dessus de six mois........... *idem*.. 5 »
Béliers, brebis et moutons de toutes
    sortes....................... *idem*.. 2 »
Agneaux .... *idem*.. » 50
Boucs et chèvres.................. *idem*.. » 25
Chevreaux .... *idem*.. » 15
Huile d'olive. (*Droit du tarif général.*)
Légumes secs et leurs farines. (*Idem.*)

Au moyen de cette disposition, les huiles d'olive expédiées de la Corse pour les ports désignés par la loi du 21 avril 1818, seront affranchies de droits, sans qu'il soit besoin de produire des certificats d'origine.

Droits de navigation.

Art. 4.

Navires français revenant des ports du royaume-uni
    de l'Angleterre et de l'Irlande, et des possessions
    dudit royaume en Europe. (*Mêmes droits de tonnage que les navires étrangers entrant dans les ports de France.*)

EXPORTATIONS.

Art. 5. Les droits de sortie seront, à l'égard des marchandises dénommées au présent article, établis ou modifiés de la manière suivante :

	fr.	c.
Graines oléagineuses et huiles de graines	»	25
Tourteaux de graines oléagineuses	»	25
Ardoises pour toiture, de 13 centimèt. de longueur ou plus....... le mille.	»	15
de moins de 13 centimètres, *idem*.	»	10
Beurre salé	»	25
Graisses, sauf les dégras de peaux	»	»
Garance verte ou sèche	1	»
moulue	»	50
Chevaux ongres, jumens et poulains... par tête.	5	»
Mules et mulets..... *idem* ..	2	»
Vaches. ..... *idem* ..	»	50
Moutons, béliers, brebis et agneaux, mérinos, métis et autres..... par tête.	»	25
Salpêtre de toute sorte	»	25
Fil de chanvre ou de lin, simple (celui de mulquinerie excepté.)	»	50
retors.	»	25
Tissus de chanvre ou de lin, taxés au poids.... .	»	25
Chandelles	»	25
Écorces de pin moulues	»	10
Bourre de soie filée, par les seuls bureaux de Béhobie, Bordeaux, Calais et Strasbourg, par kilog.	»	05
Sel gemme	»	01
Tabac en feuilles	»	25
Pâte de pastel	»	50
Amidou	»	25
Poudre à poudrer	»	25

Les articles divers de l'industrie parisienne, assortis en une même caisse, paieront en bloc, lorsque la douane de Paris ne jugera pas nécessaire de les liquider séparément, et sauf à en faire déclarer la valeur, par kilogramme, 2 centimes.

Au moyen de cette disposition, celle de la loi du

27 mars 1817 (art. 3), fixant un *minimum* aux droits de certains articles, est rapportée.

Art. 6. Les toiles de l'Inde, dites *Guinées*, autres que celles importées directement par navires français, paieront à leur sortie des entrepôts de France, pour le Sénégal, par pièce, 5 fr.

Primes ou restitutions de droits à la sortie.

Art. 7. Jusqu'à ce qu'il en soit autrement ordonné, il sera payé à l'exportation des fils et tissus de laine, et sans qu'il soit nécessaire de produire les quittances des droits payés sur des laines étrangères, les sommes ci-après, à titre de compensation :

Fil dégraissé ou teint de pure laine lavée à chaud,
    du prix de 4 fr. 50 c. ou moins au kilogramme,
                    par 100 kil. net...... 120 fr.
    du prix de plus de 4 fr. 50 c. au kil., *idem*..... 200
Tissus de pure laine, à l'exclusion de ceux formés de
    déchets de laine ou autres basses matières, et de
    ceux qui ne vaudraient pas au moins 6 fr. par kil.

Draps et casimirs. (10 *p.* 100 *de la valeur en fabrique.*)			
Étoffes légères, croisées, y compris les schals.			360
simples			260
Tricots { Bonnets en usage dans l'Orient.	{ Fins		300
	Moyens		240
	Communs		180
Autre bonneterie			180
Passementerie et rubans			180
Couvertures.	{ Fines		200
	Moyennes		150
	Communes		100
Tapis			120

(par 100 kilogrammes net.)

Toutefois, il ne sera rien changé, jusqu'au 1er octobre prochain, au mode actuellement suivi pour l'allocation desdites primes.

Etoffes où la laine entre au moins pour moitié, et qui
  sont mélangées de coton et laine, par 100 kil.. 180 fr.
              de fil ou de soie et de laine, *idem.* 150
Etoffes de coton mélangées de laine dans d'autres
  proportions que celles ci-dessus, par 100 kilog. 50

Les primes ci-dessus seront payées à la sortie des
vêtemens confectionnés que l'on exportera par as-
sortimens et par parties de vingt-cinq kilogrammes
au moins, et que l'on présentera en douane séparément, par espèce de tissus des valeurs ci-dessus indiquées, et ce, après défalcation du poids des dou-
blures et autres matières accessoires.

Art. 8. Les droits perçus à l'importation du plomb
brut, du cuivre brut et des peaux brutes, seront
restitués à l'exportation du plomb battu, laminé ou
autrement ouvré en nature, du cuivre et laiton
battu, laminé ou autrement ouvré en nature, et des
peaux apprêtées, et ce, dans les proportions et avec
les formalités déterminées par ordonnance du Roi,
et à la charge, par les réclamans, de justifier du
paiement desdits droits.

Il en sera de même de la taxe du sel employé à
la préparation des beurres, et à la fabrication du
sel ammoniac exporté.

Art. 9. Les droits perçus sur les sucres buts et
terrés, quelle qu'en soit l'origine, seront compen-
sés à l'exportation des sucres raffinés et candis, à
raison de 120 fr. par 100 kilogrammes de sucre raffiné exporté en pains de 7 kilogrammes au plus, ou
de sucre candi, et de 100 fr. par 100 kilogrammes
de sucre raffiné exporté en pains au-dessus de 7 kilogrammes, et ce, sans qu'il soit nécessaire de représenter les quittances des droits acquittés.

Les sucres raffinés exportés pour les colonies françaises jouiront desdites primes aussi-bien que ceux
expédiés pour l'étranger.

Les primes fixées par l'ordonnance du 15 janvier
1823, en vertu de l'article 6 de la loi du 27 juillet

1822, lequel est abrogé, continueront à être allouées, sous les conditions actuelles, aux sucres qui seront exportés jusqu'au 1er octobre prochain.

Art. 10. Le droit payé à l'importation des chapeaux de paille, d'écorce et de sparterie, tarifés par l'article 1er de la présente loi, sera remboursé intégralement lorsque ces mêmes chapeaux, ayant été apprêtés en France, seront réexportés, et que les apprêteurs produiront des quittances délivrées en leur nom et n'ayant pas plus de six mois de date.

Art. 11. L'article 15 de la loi du 21 avril 1818 s'appliquera à tous les savons exportés de France, lorsqu'on justifiera, par la quittance des droits d'entrée, que l'huile et la soude employées à leur fabrication provenaient de l'étranger.

Transit.

Art. 12. Le transit des huiles d'olive est autorisé, à la condition que les futailles seront plombées et plâtrées par les deux bouts, qu'un échantillon, levé au lieu du départ et cacheté par la douane, accompagnera les futailles pour lesquelles le transit aura été demandé, et que l'identité du contenu sera constatée à la sortie.

Le droit de transit sera celui fixé par la loi du 17 décembre 1814, pour les marchandises transitant en vertu de ladite loi.

Les manquans trouvés à la sortie seront soumis au droit d'entrée.

Art. 13. Les marchandises expédiées en transit des frontières de terre sur les ports où il existe un entrepôt réel, pourront y être admises comme si elles arrivaient par mer; à la réexportation, elles acquitteront le même droit que les marchandises venues à l'entrepôt par voie de mer. Si on les déclare pour la consommation intérieure, le droit de transit perçu au premier bureau sera pris en déduction du droit d'entrée.

Entrepôts.

Art. 14 La durée de l'entrepôt réel, tel qu'il est autorisé par l'article 25 de la loi du 28 avril 1803 (8 floréal an xi), sera de trois années.

Si, à l'expiration des délais fixés, il n'est pas satisfait à l'obligation d'acquitter les droits ou de réexporter, les droits seront liquidés d'office ; et si l'entrepositaire ne les a pas acquittés dans le mois de la sommation qui lui en sera faite à son domicile, s'il est présent, ou à celui du maire, s'il est absent, les marchandises seront vendues, et le produit de la vente, déduction faite de tous droits et frais de magasinage ou de toute autre nature, sera versé à la caisse des dépôts et consignations, pour être remis au propriétaire, s'il est réclamé dans l'année à partir du jour de la vente, ou, à défaut de réclamation dans ce délai, être définitivement acquis au trésor.

Art. 15. Les marchandises prohibées portées au manifeste sous leur véritable dénomination, *par nature, espèce et qualité*, lorsqu'elles ne forment pas le dixième du chargement, pourront être reçues en dépôt sous la seule clef de la douane, à charge par le capitaine ou consignataire de les réexporter dans un délai de quatre mois, passé lequel il en sera disposé ainsi qu'il est réglé par l'article précédent.

Art. 16. L'entrepôt réel est accordé au port du Légué, aux mêmes conditions que celles exprimées en l'article 24 de la loi du 28 avril 1816.

Art. 17. Le port de Cette est mis au nombre de ceux qui peuvent expédier certaines marchandises sur l'entrepôt de Lyon, aux conditions déterminées pour les expéditions autorisées des ports de Marseille, Bordeaux, Nantes, Rouen et le Havre.

Dispositions réglementaires.

Art. 18. Les ports d'Arles, Saint-Servan et Roscoff sont mis au nombre de ceux qui sont ouverts à l'entrée des marchandises payant plus de 20 fr. par 100 kilogrammes.

Art. 19. Les ports de Cette, Boulogne et Granville, sont mis au nombre de ceux désignés par la loi du 27 juillet 1822, pour l'admission des fers traités au charbon de bois et au marteau.

Art. 20. Dans le cas de non-rapport en temps utile et avec décharge valable, des acquits-à-caution délivrés pour la réexportation de marchandises prohibées, les soumissionnaires seront contraints à payer la valeur de la marchandise et une amende de de 500 fr.

Art. 21. Dans le cas de non-rapport en temps utile, et avec décharge valable, des acquits-à-caution délivrés pour assurer le transport de marchandises d'un entrepôt dans un autre, les soumissionnaires seront contraints à payer le double droit desdites marchandises, et 100 fr. d'amende, s'il s'agit d'objets tarifés à l'entrée ; ou, s'il s'agit d'objets prohibés, la valeur desdites marchandises avec une amende de 500 fr.

Art. 22. La circulation et le dépôt des marchandises dénommées en l'article 22 de la loi du 28 avril 1816, donneront lieu à l'application, en Corse, des articles 35, 36, 37, 38 et 39 du titre XIII de la loi du 22 août 1791 ; des articles 4, 6, 7 et 8 de l'arrêté du 10 août 1802 (22 thermidor an x), et des articles 38 et 39 de la loi du 28 avril 1816, mais seulement dans le rayon d'une lieue de la côte, et pour les quantités qui excéderont 15 mètres de tissus et 5 kilogrammes d'autres objets, sans que d'ailleurs les expéditions de douanes présentées comme justifications d'origine cessent d'être valables pendant une année entière, à partir de leur date.

Art. 23. Le sulfate de soude, produit dans les fabriques de soude factice, exercées par les agens de l'administration, et employant le sel marin en fran-

chise des droits, pourra, lorsqu'il aura été constaté
qu'il contient plus de 91 de sulfate de soude sec et
pur, par quintal, être livré au commerce en exemption de tous droits.

Des ordonnances du Roi détermineront les précautions à prendre pour constater que le sulfate est
au degré d'alkali ci-dessus indiqué, et les formalités
à observer, tant pour sa livraison que pour le réglement des comptes entre les fabricans et l'administration.

Outre les droits de douanes d'entrée et de sortie
proprement dits, l'administration des douanes per-
çoit des droits de transit, de retour, de réexportation et de navigation.

Le droit de transit est de 51 cent. par 100 kil , ou
de 15 cent. p. 100 fr. de la valeur, au choix du redevable.

Les produits de l'industrie manufacturière française susceptibles d'être décrits et reconnus, qui
restent *invendus* à l'étranger, peuvent être réimpor-
tés au simple droit de rebours, qui est le même que
le droit de transit.

Les marchandises des colonies françaises ou étrangères, qu'on retire de l'entrepôt pour la réexportation, paient un droit qui est également de 51 cent.
par 100 kil. , ou de 15 cent. par 100 fr. de la valeur,
au choix du redevable.

Marchandises prohibées.

Les achats et les ventes des marchandises sont
restreints par diverses lois, et soumis à des prohibitions qui ont varié à diverses époques, mais qui,
en général, ont porté principalement sur les produits de l'industrie anglaise.

Les lois du 10 brumaire an V et du 9 floréal an VII
font connaître le détail des marchandises prohi-

bées à l'entrée en France; elles déterminent les peines infligées pour les contraventions, savoir la confiscation des marchandises, l'amende triple de leur valeur, et un emprisonnement qui ne peut être moindre de cinq jours ni excéder trois mois.

Les basins piqués, mousselinettes, toiles, draps et velours de coton, qui ne porteront pas la marque du fabricant et l'estampille nationale avec le numéro, seront censés provenir de fabriques anglaises, et seront confisqués, conformément à la loi du 10 brumaire an v (arrêté du 3 fructidor an ix).

Des estampilles sont envoyées aux préfets, conformément à cet arrêté, pour assurer l'origine des étoffes. Nous les ferons connaître en parlant des fabriques et manufactures.

Les connaissances relatives aux marchandises prohibées se trouvent consignées dans les lois des 10 brumaire an v, citées ci-dessus, 9 ventose an vi, 28 avril 1816, et l'ordonnance du Roi du 6 mars de la même année, auxquelles le lecteur peut avoir recours pour plus de détails réglementaires.

CHAPITRE III.

DE QUELQUES TRANSACTIONS COMMERCIALES DÉPENDANTES DU COMMERCE EXTÉRIEUR.

Il est des opérations de commerce qui, sans reposer exclusivement sur la vente ou le trafic des marchandises exportées au-dehors ou venant de l'étranger, tiennent cependant aux transactions du commerce de mer; telles sont les affrétemens, nolissemens, les assurances maritimes et les contrats à la grosse. Nous parlerons de ces derniers d'après le second livre du Code de Commerce.

1°. *Des Assurances maritimes.*

L'assurance maritime est un *traité* ou convention par lequel un particulier ou une compagnie se rend garant des cas fortuits auxquels une chose est exposée dans un voyage sur mer, moyennant une somme convenue, qui est acquise à l'assureur au moment même.

Le contrat d'assurance est placé parmi les *contrats aléatoires*, par l'article 1964 du Code Civil.

Le contrat d'assurance est constaté par ce qu'on appelle la *police d'assurance*, ordinairement rédigée par les courtiers d'assurance dans les places de commerce; elle peut l'être aussi par des notaires. Voici les dispositions du *Code de Commerce* sur les assurances, en observant que quelques unes de ces dispositions ont été l'objet de diverses questions sur la manière de les appliquer, mais que ce n'est pas ici le lieu d'entrer dans des débats pour lesquels les négocians ont plus court de s'adresser aux hommes de loi, qui consacrent leurs veilles à cette jurisprudence; cependant ces cas sont rares, et les articles du Code sont assez clairs pour y pourvoir.

Le contrat d'assurance, dit le Code (1), est rédigé par écrit.

Il est daté du jour auquel il est souscrit.

Il y est énoncé si c'est avant ou après midi.

Il peut être fait sous signature privée.

Il ne peut contenir aucun blanc.

Il exprime :

Le nom et le domicile de celui qui fait assurer, sa qualité de propriétaire ou de commissionnaire,

Le nom et la désignation du navire,

Le nom du capitaine,

Le lieu où les marchandises ont été ou doivent être chargées,

____

(1) Livre II, section 1re.

Le port d'où ce navire a dû ou doit partir,

Les ports ou rades dans lesquels il doit charger ou décharger,

Ceux dans lesquels il doit entrer, la nature et la valeur ou l'estimation des marchandises ou objets que l'on fait assurer,

Les temps auxquels les riques doivent commencer et finir,

La somme assurée,

La prime ou le coût de l'assurance,

La soumission des parties à des arbitres, en cas de contestation, si elle a été convenue,

Et généralement toutes les autres conditions dont les parties sont convenues.

La même police peut contenir plusieurs assurances, soit à raison du taux de la prime, soit à raison de différens assureurs.

L'assurance peut avoir pour objet le corps et quille du vaisseau, vide ou chargé, armé ou non armé, seul ou accompagné,

Les agrès et apparaux,

Les armemens,

Les victuailles,

Les sommes prêtées à la grosse,

Les marchandises du chargement, et toutes autres choses ou valeurs estimables à prix d'argent, sujettes aux risques de la navigation.

L'assurance peut être faite sur le tout ou sur une partie desdits objets, conjointement ou séparément.

Elle peut être faite en temps de paix ou en temps de guerre, avant ou pendant le voyage du vaisseau ;

Elle peut être faite pour l'aller et le retour, ou seulement pour l'un des deux, pour le voyage entier ou pour un temps limité ;

Pour tous voyages et transports par mer, rivières et canaux navigables.

En cas de fraude dans l'estimation des effets assurés, en cas de supposition ou de falsification, l'assureur peut faire procéder à la vérification et estimation des objets, sans préjudice de toutes autres poursuites, soit civiles, soit criminelles.

Tout effet dont le prix est stipulé dans le contrat en monnaie étrangère, est évalué au prix que la monnaie stipulée vaut en monnaie de France, suivant le cours à l'époque de la signature de la police.

Si la valeur des marchandises n'est point fixée par le contrat, elle peut être justifiée par les factures ou par les livres; à défaut, l'estimation en est faite suivant le prix courant au temps et au lieu du chargement, y compris tous les droits payés et les frais faits jusqu'à bord.

Si l'assurance est faite sur le retour d'un pays où le commerce ne se fait que par *troc*, et que l'estimation des marchandises ne soit pas faite par la police, elle sera réglée sur le pied de la valeur de celles qui ont été données en échange, en y joignant les frais de transport.

Si le contrat d'assurance ne règle point le temps des risques, les risques commencent et finissent dans le temps réglé par l'article 328 pour les contrats à la grosse.

En cas de perte des marchandises assurées et chargées pour le compte du capitaine, sur le vaisseau qu'il commande, le capitaine est tenu de justifier aux assureurs l'achat des marchandises, et d'en fournir un connaissement signé par deux des principaux de l'équipage.

Tout homme de l'équipage et tout passager qui apportent, des pays étrangers, des marchandises assurées en France, sont tenus d'en laisser un connaissement dans les lieux où le chargement s'effectue, entre les mains du consul de France, et, à défaut, entre les mains d'un Français notable négociant, ou du magistrat du lieu.

Si l'assureur tombe en faillite lorsque le risque

n'est pas encore fini, l'assuré peut demander caution, ou la résiliation du contrat.

L'assureur a le même droit en cas de faillite de l'assuré.

Le contrat d'assurance est nul, s'il a pour objet :

Le frêt des marchandises existantes à bord du navire,

Le profit espéré des marchandises,

Les loyers des gens de mer,

Les sommes empruntées à la grosse,

Les profits maritimes des sommes prêtées à la grosse.

Si le voyage est rompu avant le départ du vaisseau, même par le fait de l'assuré, l'assurance est annulée ; l'assureur reçoit, à titre d'indemnité, demi pour cent de la somme assurée.

Sont aux risques des assureurs, toutes pertes et dommages qui arrivent aux objets assurés par tempête, naufrage, échouement, abordage fortuit, changemens forcés de route, de voyage ou de vaisseau, par jet, feu, prise, pillage, arrêt par ordre de puissance, déclaration de guerre, représailles, et généralement par toutes les autres fortunes de mer.

Tout changement de route, de voyage ou de vaisseau, et toutes pertes et dommages provenant du fait de l'assuré ne sont point à la charge de l'assureur ; et même la prime lui est acquise, s'il a commencé à courir les risques.

Les déchets, diminutions et pertes qui arrivent par le vice propre de la chose, et les dommages causés par le fait et faute des propriétaires, affréteurs ou chargeurs, ne sont point à la charge des assureurs.

L'assureur n'est point tenu des prévarications et fautes du capitaine et de l'équipage, connues sous l'expression des *baratcries de patron*, s'il n'y a convention contraire.

Il sera fait désignation dans la police, des marchandises sujettes, par leur nature, à détérioration particulière ou diminution, comme blés ou sels, ou marchandises susceptibles de coulage ; sinon les assureurs ne répondront point des dommages ou pertes qui pourraient arriver à ces mêmes denrées, si ce n'est toutefois que l'assuré eût ignoré la nature du chargement lors de la signature de la police.

S'il n'y a ni dol ni fraude, le contrat est valable jusqu'à concurrence de la valeur des effets chargés, d'après l'estimation qui en est faite ou convenue.

En cas de perte, les assureurs sont tenus d'y contribuer chacun à proportion des sommes par eux assurées.

Ils ne reçoivent pas la prime de cet excédant de valeur, mais seulement l'indemnité de demi pour cent.

S'il y a des effets chargés pour le montant des sommes assurées, en cas de perte d'une partie, elle sera payée par tous les assureurs de ces effets, au marc le franc de leur intérêt.

Si l'assurance a lieu divisément pour des marchandises qui doivent être chargées sur plusieurs vaisseaux désignés, avec énonciation de la somme assurée sur chacun, et si le chargement entier est mis sur un seul vaisseau, ou sur un moindre nombre qu'il n'en est désigné dans le contrat, l'assureur n'est tenu que de la somme qu'il a assurée sur le vaisseau ou sur les vaisseaux qui ont reçu le chargement, nonobstant la perte de tous les vaisseaux désignés ; et il recevra néanmoins demi pour cent des sommes dont les assurances se trouvent annulées.

L'assureur est déchargé des risques, et la prime lui est acquise, si l'assuré envoie le vaisseau en un lieu plus éloigné que celui qui est désigné par le contrat, quoique sur la même route.

L'assurance a son entier effet, si le voyage est raccourci.

Toute assurance faite après la perte ou l'arrivée

des objets assurés, est nulle, s'il y a présomption avant la signature du contrat, que l'assuré a pu être informé de la perte, ou l'assureur de l'arrivée des objets assurés.

Notre intention n'ayant pu avoir pour objet de traiter dans son étendue la matière des assurances maritimes, mais seulement du *commerce des assurances maritimes*, nous avons dû nous borner aux principaux droits et devoirs des assureurs, ainsi qu'aux formalités de la police d'assurance qui constate les unes et les autres. C'est au second Livre du Code de Commerce et aux commentaires qu'on en a faits, que le lecteur doit recourir pour tout ce qui concerne les autres parties de la législation maritime; nous passons à celle des contrats à la grosse qui rentre dans le sujet qui nous occupe.

2°. *Des Contrats à la grosse.*

Le contrat *à la grosse aventure*, et par abréviation *à la grosse*, autrement appelé *change maritime*, réunit un prêt à une assurance. Un prêteur ou *donneur* fournit à un emprunteur ou preneur, une somme d'argent, que celui-ci emploie dans une expédition maritime, à condition que si les effets dans lesquels les deniers sont convertis n'arrivent pas à sauvement, le prêteur n'aura rien à demander, et qu'à l'heureuse arrivée au contraire, il recevra, avec la restitution du capital, une augmentation ou prime convenue, en considération de la chance qu'il court.

L'usage des assurances a rendu bien moins fréquent celui des contrats à la grosse, très fréquent et très utile dans le moyen âge et dans les premières époques des entreprises commerciales d'outre-mer; cependant, comme le Code de Commerce en a fait un article, nous n'avons pas dû omettre d'en parler ici.

Le contrat à la grosse, dit ce Code, est fait devant notaire, ou sous signature privée.

Il énonce le capital prêté et la somme convenue pour le profit maritime,

Les objets sur lesquels le prêt est affecté,

Les noms du navire et du capitaine,

Ceux du prêteur et de l'emprunteur;

Si le prêt a lieu pour un voyage,

Pour quel voyage ou pour quel temps;

L'époque du remboursement.

Tout prêteur à la grosse en France, est tenu de faire enregistrer son contrat au greffier du tribunal de commerce, dans les dix jours de la date, à peine de perdre son privilége; et si le contrat est fait à l'étranger, il est soumis aux formalités prescrites à l'article 234. (1)

Les emprunts à la grosse peuvent être affectés,

Sur le corps et quille du navire,

Sur les agrès et apparaux,

Sur l'armement et les victuailles,

Sur le chargement,

Sur la totalité de ces objets conjointement, ou sur une partie déterminée de chacun d'eux.

Tout emprunt à la grosse fait pour une somme excédant la valeur des objets, sur lesquels il est affecté, peut être déclaré nul, à la demande du prêteur, s'il est prouvé qu'il y a fraude de la part de l'emprunteur.

Tous emprunts sur le frêt à faire du navire et sur le profit espéré des marchandises, sont prohibés.

Le prêteur, dans ce cas, n'a droit qu'au remboursement du capital, sans aucun intérêt.

Nul prêt à la grosse ne peut être fait aux matelots ou gens de mer, sur leurs loyers ou voyage.

Si l'emprunt a été fait sur un objet particulier du navire ou du chargement, le privilége n'a lieu que

____

(1) C'est-à-dire à se faire autoriser par le consul de la nation.

sur l'objet, et dans la proportion de la quotité affec-
tée à l'emprunt.

Un emprunt fait à la grosse par le capitaine, dans
le lieu de la demeure des propriétaires du navire,
sans leur autorisation authentique ou leur intervention dans l'acte, ne donne action et privilége que
sur la portion que le capitaine peut avoir au navire
et au frêt.

Sont affectées aux sommes empruntées, même
dans le lieu de la demeure des intéressés, pour ra-
doub et victuailles, les parts et portions des propriétaires qui n'auraient pas fourni leur contingent
pour mettre le bâtiment en état, dans les vingt-
quatre heures de la sommation qui leur en sera
faite.

QUATRIÈME PARTIE.

RÉGLEMENS DES MANUFACTURES ET FABRIQUES.

CHAPITRE PREMIER.

RÉGLEMENS POUR LES MANUFACTURES, POLICE DES
OUVRIERS, MARQUE DES OUVRAGES.

La police des ateliers et certains réglemens relatifs
aux manufactures et à leurs produits, offrent plus
d'un intérêt, et nous obligent à les rappeler ici.

On peut les diviser, 1°. en réglemens destinés à
garantir la bonne fabrication; 2°. ceux qui concernent la police des ouvriers; 3°. ceux qui garan-
tissent les marques et la propriété des fabricans;
4° enfin ceux qui ont pour objet de prévenir les
dangers ou inconvéniens de l'établissement de certains ateliers dans les villes.

Nous parlerons ensuite des chambres consultatives des manufactures, des conseils de prud'hommes
et des brevets d'invention.

1°. *Police des ouvriers.*

Un point d'une grande importance dans l'exercice de l'industrie, est la bonne police relative aux
ouvriers, pour prévenir les désordres qu'ils pourraient occasionner par leur insubordination ou prétentions; c'en est également un pour empêcher
que les maîtres et chefs d'ateliers ne méconnaissent
les droits de la justice, et ne cherchent à priver les
ouvriers d'un juste salaire.

Tel a été l'objet d'une loi spéciale du mois de germinal an XI, sur la police des ouvriers.

Ses principales dispositions ont été rappelées et consacrées par le Code Pénal; on y lit aussi, articles 414 et 415 : « Toute coalition entre ceux qui font travailler des ouvriers, tendant à forcer injustement et abusivement l'abaissement des salaires, suivie d'une tentative ou d'un commencement d'exécution, sera punie d'un emprisonnement de six jours à un mois, et d'une amende de deux cents francs à trois mille francs. »

2°. *Coalition des Ouvriers.*

« Toute coalition de la part des ouvriers pour faire cesser en même temps de travailler, interdire le travail dans un atelier, empêcher de s'y rendre et d'y rester avant ou après de certaines heures, et en général pour suspendre, empêcher, enchérir les travaux, s'il y a eu tentative ou commencement d'exécution, sera punie d'un emprisonnement d'un mois au moins, et de trois mois au plus. Les chefs ou moteurs seront punis d'un emprisonnement de deux ans à cinq ans.

« Seront punis de la même peine, et d'après les mêmes distinctions, les ouvriers qui auront prononcé des amendes, des défenses, des interdictions ou toutes proscriptions sous le nom de *damnations*, et sous quelque qualification que ce puisse être, soit contre les directeurs d'ateliers et entrepreneurs d'ouvrages, soit les uns contre les autres. Dans le cas de cet article et du précédent, les chefs ou moteurs du délit pourront, après l'expiration de leur peine, être mis sous la surveillance de la haute-police pendant deux ans au moins et cinq ans au plus. »

La loi de germinal an XI, dont les articles du Code Pénal, qu'on vient de lire, sont en partie extraits, a pour objet aussi de régler la discipline et police des ouvriers, relativement aux apprentissages et au *livret*, dont ils doivent être munis.

3°. *Apprentissage.*

« Les contrats d'apprentissage consentis entre majeurs, ou par des mineurs avec le concours de ceux sous l'autorité desquels ils sont placés, ne pourront être résolus, sauf l'indemnité en faveur de l'une ou de l'autre des parties, que dans les cas suivans :

« 1°. D'inexécution des engagemens de part et d'autre ; 2°. de mauvais traitemens de la part des maîtres ; 3°. d'inconduite de la part de l'apprenti ; 4°. si l'apprenti s'est obligé à donner, pour tenir lieu de restitution pécuniaire, un temps de travail dont la valeur serait jugée excéder le prix ordinaire des apprentissages.

« Le maître ne pourra, sous peine de dommages et intérêts, retenir l'apprenti au-delà de son temps, ni lui refuser un *congé d'acquit*, quand il aura rempli ses engagemens. Les dommages et intérêts seront au moins du triple du prix des journées depuis la fin de l'apprentissage.

« Nul individu employant des ouvriers, ne pourra recevoir un apprenti sans *congé d'acquit*, sous peine de dommages-intérêts envers son maître. »

4°. *Livret des Ouvriers.*

« Nul ne pourra, sous les mêmes peines, recevoir un ouvrier s'il n'est porteur d'un *livret*, portant le certificat d'acquit de ses engagemens, délivré par celui de chez qui il sort.

« L'engagement d'un ouvrier ne pourra excéder un an, à moins qu'il ne soit contre-maître, conducteur des autres ouvriers, ou qu'il n'ait un traitement et des conditions stipulées par un acte exprès. »

Un arrêté du gouvernement du 9 frimaire an XII, a réglé la forme de l'emploi du livret dont il vient d'être question.

Ce livret, qui est délivré à Paris à la préfecture de police, l'est à Marseille, Lyon, Bordeaux, par un commissaire de police, et dans les autres villes, par le maire ou l'un de ses adjoints; il est sur papier libre; il contient les nom, prénoms, âge, le lieu de naissance, le signalement et la désignation de la profession de l'ouvrier, ainsi que le nom du maître chez qui il travaille.

Tout manufacturier, entrepreneur, et généralement toute personne employant des ouvriers, sont tenus, quand ces ouvriers sortent de chez eux, d'inscrire sur leurs livrets un congé portant acquit de leurs engagemens, s'ils les ont remplis.

L'ouvrier est tenu de faire inscrire le jour de son entrée sur son livret, par le maître chez lequel il se propose de travailler, ou à son défaut par un commissaire de police, le maire ou l'adjoint de la commune.

Si la personne qui a employé l'ouvrier refuse, sans motif légitime, de remettre le livret ou de délivrer le congé, il sera procédé contre elle suivant le mode établi par la loi du 22 germinal an XI, ainsi qu'on l'a vu plus haut.

L'ouvrier qui aura reçu des avances sur son salaire ou contracté l'engagement de travailler un certain temps, ne pourra exiger la remise de son livret et la délivrance de son congé, qu'après avoir acquitté sa dette pour son travail et rempli ses engagemens.

S'il arrive que l'ouvrier soit obligé de se retirer parce qu'on lui refuse du travail ou son salaire, son livret et son congé lui seront remis encore qu'il n'ait pas remboursé les avances qui lui ont été faites; seulement le créancier aura le droit de mentionner la dette sur le livret (article 8 de l'arrêté du gouvernement).

« Dans le cas de l'article précédent, ceux qui emploieront ultérieurement l'ouvrier, feront jusqu'à entière libération, sur le produit de son travail, une retenue au profit du créancier. Cette retenue ne pourra en aucun cas excéder les deux dixièmes du salaire journalier de l'ouvrier ; lorsque la dette sera acquittée, il en sera fait mention sur le livret. Celui qui aura exercé la retenue, sera obligé d'en prévenir le maître au profit duquel elle aura été faite, et d'en tenir le montant à sa disposition. »

Le premier livret d'un ouvrier lui sera délivré, 1°. sur la présentation de son acquit d'apprentissage ; 2°. ou sur la demande de la personne chez laquelle il aura travaillé ; ou enfin sur l'affirmation de deux personnes patentées de sa profession et domiciliées, portant que le pétitionnaire est libre de tout engagement.

Si le livret de l'ouvrier était perdu, il pourrait, sur la représentation de son passeport, obtenir la permission provisoire de travailler, mais sans pouvoir être autorisé à aller dans un autre lieu ; ou à la charge de donner à l'officier de police du lieu, la preuve qu'il est libre de tout engagement, et tous les renseignemens nécessaires pour obtenir un nouveau livret, sans lequel il ne pourra partir.

Le décret du 20 février 1810, sur les conseils de prud'hommes, porte que ces conseils ne peuvent s'immiscer dans la délivrance des livrets ; cette attribution est exclusivement réservée aux commissaires de police, maires et adjoints, conformément à l'arrêté du gouvernement cité, et à celui du 10 ventose an XII.

CHAPITRE II.

MARQUES DES ÉTOFFES ET AUTRES PRODUITS DES MANUFACTURES.

La marque que les fabricans sont autorisés à appliquer aux produits de leur industrie, forme une des principales parties de leurs droits, et sert à caractériser leur invention ou propriété.

Un décret du 20 février 1810, qui renouvelle et confirme celui du 11 juin 1809, sur *les conseils des prud'hommes*, porte que tout marchand-fabricant, qui voudra pouvoir revendiquer devant les tribunaux la propriété de sa *marque*, sera tenu d'en adopter une, assez distincte des autres marques, pour qu'elles ne puissent être confondues et prises l'une pour l'autre.

Les conseils de prud'hommes, dont nous ferons connaître l'établissement plus loin, sont arbitres de la suffisance ou insuffisance de différence entre les marques déjà adoptées, ou les nouvelles qui seraient déjà proposées, ou même entre celles déjà existantes; et en cas de contestation, elle sera portée au tribunal de commerce, qui prononcera après avoir vu l'avis du conseil des prud'hommes.

Indépendamment du dépôt de la marque au tribunal de commerce, ordonné par la loi du 22 germinal an XI, nul ne peut être admis à intenter une action en contrefaçon de sa marque, s'il n'a en outre déposé un modèle de cette marque au secrétariat du conseil des prud'hommes, ou au greffe du tribunal de commerce, dans les lieux où il n'y a pas de prud'hommes.

Il doit être dressé procès-verbal du dépôt, sur un registre en papier timbré, ouvert à cet effet; une expédition en sera remise au fabricant, pour lui servir de titre contre les contrefacteurs. Voyez aussi ce qui concerne les *brevets d'invention*.

S'il était nécessaire, comme dans les ouvrages de quincaillerie et de coutellerie, de faire empreindre la marque sur des tables particulières, le fabricant paiera une somme de 6 fr. entre les mains du receveur de la commune; et il ne pourra intenter une action en contrefaçon de sa marque, s'il ne l'a fait comprendre sur ces tables, qui seront déposées au tribunal de commerce dans les villes où il n'y a pas de prud'hommes; il est payé 3 fr. pour l'expédition du procès-verbal de dépôt d'une marque quelconque. (*Décret du 5 septembre* 1810.)

La saisie des ouvrages dont la marque aurait été contrefaite, a lieu sur la simple réquisition du propriétaire de cette marque, justifiée par l'exhibition du procès-verbal de dépôt; les officiers de police sont tenus de l'effectuer sur la présentation de ce procès-verbal; ils renverront ensuite les parties devant le conseil de prud'hommes, s'il y en a dans la commune; s'il n'y en a pas, le juge de paix prendra connaissance de l'affaire. Le jugement du conseil des prud'hommes ou du juge de paix, en pareil cas, est exécutoire, provisoirement et nonobstant l'appel, jusqu'à une valeur de 3oo fr., sans qu'il soit besoin, pour celui qui a obtenu gain de cause, de fournir caution; au-dessus de 3oo fr., la caution est exigée.

Le jugement est définitif et sans appel, si la condamnation n'excède pas 1oo fr. en capital et accessoires.

Dans le cas d'appel, il est porté devant le tribunal de commerce de l'arrondissement, ou le tribunal civil, s'il n'y en a pas de commerce. (*Voyez décret du* 3 *août* 1810, et l'art. du *conseil des prud'hommes*.)

Dans le cas où la dénonciation pour contrefaçon ne serait pas fondée, celui qui l'aura faite est condamné à des dommages-intérêts, proportionnés au trouble et au préjudice qu'il aura causés. Tout jugement emportant condamnation pour contrefaçon de marque de fabrique, est imprimé et affiché aux frais du contrefacteur, sans que les parties intéressées puissent transiger à cet égard. (*Décret du 5 septembre* 1810.)

CHAPITRE III.

OUVRAGES D'OR ET D'ARGENT, DROIT DE GARANTIE.

La nécessité de mettre le public à l'abri des fraudes qui pourraient naître de ce commerce, a donné lieu à plusieurs réglemens.

Ceux qui veulent exercer la profession de fabricant d'ouvrages d'or et d'argent, sont tenus de se faire connaître au préfet du département, et à la mairie de la commune où ils résident, et de faire insculpter dans ces deux administrations leur poinçon particulier, avec leur nom, sur une planche de cuivre destinée à cet effet. Quiconque ne veut faire que le commerce d'ouvrages d'or et d'argent, est dispensé d'avoir un poinçon, il n'est tenu que de faire sa déclaration à la municipalité.

Les fabricans et marchands d'or et d'argent, ouvriers ou non ouvriers, sont obligés d'avoir un livre coté et paraphé par le sous-préfet, sur lequel ils inscriront la nature, le nombre, le titre et le poids des ouvrages d'or et d'argent qu'ils acheteront ou vendront, avec la demeure de ceux de qui ils les auront achetés.

Les fabricans sont obligés de porter au bureau de garantie de leur arrondissement, leurs ouvrages, pour y être essayés, titrés et marqués, ou simplement revêtus des empreintes d'un poinçon.

Les fabricans et marchands d'ouvrages d'or et

d'argent doivent remettre aux acheteurs, des bordereaux énonciatifs de l'espèce, du titre et du poids des ouvrages qu'ils leur auront vendus.

Les contraventions à ces réglemens sont punies, la première fois, d'une amende de 200 fr.; la seconde, d'une amende de 500 fr.; la troisième, de 1000 fr., avec interdiction de commerce d'orfévrerie, pour celui qui les aurait encourues.

Les marchands de galons et broderies en or et argent, sont sujets aux mêmes réglemens, en ce qui les concerne. (1)

Les marchands ambulans, et faisant le commerce d'ouvrages d'or et d'argent, sont tenus, à leur arrivée dans une commune, de se présenter au sous-préfet ou au maire, et de lui montrer les bordereaux des orfévres qui leur auront vendu les ouvrages d'or et d'argent dont ils sont porteurs.

Le maire ou sous-préfet fera saisir et remettre au tribunal de police correctionnelle les ouvrages d'or et d'argent qui ne seraient pas accompagnés de bordereaux, ou ne seraient pas revêtus des poinçons et marques prescrites. Les contraventions qu'ils auraient faites, seront punies des mêmes peines que celles exposées ci-dessus. (*Même loi du* 19 *brumaire an* VI.)

L'article 423 du Code Pénal n'applique que les peines ci-dessus à ceux qui vendraient pour fins des ouvrages d'or et d'argent faux; la loi du 19 brumaire les prononce contre les contraventions aux réglemens de police, relatives aux marques et déclarations aux autorités.

---

(1) Loi du 19 brumaire an VI.

CHAPITRE IV.

PEINES CONTRE LA VIOLATION DES RÉGLEMENS RELATIFS AUX MANUFACTURES.

Le Code Pénal a consacré plusieurs articles destinés à réprimer ou prévenir la violation des réglemens des manufactures ; ils sont tous dans les intérêts des fabricans et de l'industrie ; nous ne pouvons nous dispenser de les faire connaître, c'est un important objet d'instruction pour les manufacturiers et chefs d'établissemens d'industrie.

Après avoir prononcé les peines déjà prescrites par la loi du 22 germinal an xi, contre les coalitions d'ouvriers ou des maîtres, qui peuvent porter atteinte aux travaux des ateliers, le Code ajoute :

« Quiconque, dans l'intention de nuire à l'industrie française, aura fait passer en pays étrangers, des directeurs, commis, ou des ouvriers d'un établissement, sera puni d'un emprisonnement de six mois à deux ans, et d'une amende de 50 à 60 fr. Tout directeur, commis, ouvrier de fabrique, qui aura communiqué à des étrangers ou à des Français résidant en pays étrangers, des secrets de la fabrique où il est employé, sera puni de la réclusion, et d'une amende de 500 fr. à 20,000 fr. ; si ces secrets ont été communiqués à des Français résidant en France, la peine sera d'un emprisonnement de trois mois à deux ans, et d'une amende de 16 fr. à 200 fr.

CHAPITRE V.

DES MANUFACTURES ET ATELIERS DANGEREUX OU IN-SALUBRES.

Un réglement d'une grande importance, et qui intéresse essentiellement les fabricans, résulte des décrets des 15 octobre 1810, 22 novembre 1811, 14 janvier 1815, et 20 septembre 1828, concernant *les manufactures, établissemens et ateliers dangereux ou qui répandent une odeur incommode.*

Les manufactures et ateliers y sont divisés en trois classes. La première est celle des établissemens, manufactures et ateliers répandant une odeur insalubre ou incommode, qui ne pourront être formés dans le voisinage des habitations particulières, et pour la création desquels il sera nécessaire de se pourvoir d'une autorisation du Roi.

La seconde classe est celle des établissemens et ateliers dont l'éloignement des habitations n'est pas rigoureusement nécessaire, mais dont il importe néanmoins de ne permettre la formation qu'après avoir acquis la certitude que les opérations qu'on y pratique seront exécutées de manière à ne pas incommoder les propriétaires du voisinage, ou à leur causer du dommage.

La troisième classe est celle des établissemens et ateliers qui peuvent rester sans inconvénient auprès des habitations particulières, et pour la formation desquels il sera néanmoins nécessaire de se munir d'une permission, aux termes des articles 2 et 8 du décret du 15 octobre 1810, et de l'article 3 de l'ordonnance du 14 janvier 1815.

D'après le décret du 15 octobre 1810, la permission nécessaire pour la formation des manufactures et ateliers compris dans la première classe, n'est accordée qu'après les formalités prescrites, et par une ordonnance rendue en Conseil d'État ; la permission exigée pour la seconde classe sera donnée par les préfets, sur l'avis des sous-préfets ; les permissions pour la troisième classe seront délivrées par les sous-préfets, après qu'ils auront pris l'avis des maires.

La permission pour les manufactures et ateliers de la première classe n'est accordée qu'avec les formalités suivantes : La demande en autorisation sera présentée au préfet, et affichée par son ordre dans toutes les communes, à cinq kilomètres de rayon. Dans ce délai, tout particulier sera admis à présenter ses moyens d'opposition ; les maires des communes auront la même faculté. S'il y a opposition, le conseil de préfecture donnera son avis, sauf la décision du Conseil d'État. S'il n'y a pas d'opposition, la permission sera accordée, s'il y a lieu, sur l'avis du préfet et le rapport du ministre de l'intérieur.

L'autorisation de former des manufactures et ateliers compris dans la seconde classe, ne sera accordée qu'après que les formalités suivantes auront été remplies. L'entrepreneur adressera d'abord sa demande au sous-préfet de son arrondissement, qui la remettra au maire de la commune dans laquelle on projette de former l'établissement, en le chargeant de procéder à des informations *de commodo et incommodo*. Le sous-préfet fait ensuite passer sa décision au préfet, qui statuera, sauf le recours au Conseil d'État, pour toutes les parties intéressées. S'il y a opposition, il y sera statué par le conseil de préfecture, sauf le recours au Conseil d'État.

Les manufactures comprises dans la troisième classe ne peuvent se former sans la permission du préfet de police à Paris, et sans celle des sous-préfets dans les autres villes, après avoir pris préalablement l'avis du maire et de la police locale. S'il s'élève des réclamations contre la décision du préfet de police à Paris, ou des sous-préfets dans les autres villes, sur une demande d'établissement de manufacture de la troisième classe, elle sera jugée en conseil de préfecture.

En cas de graves inconvéniens, dit le décret du 15 octobre 1810, pour la salubrité publique, la culture ou l'intérêt général, les fabriques ou ateliers de première classe qui les causeraient pourront être supprimés, en vertu d'un décret rendu au Conseil d'État, après avoir entendu la police locale, pris l'avis des préfets, reçu la défense des manufacturiers ou fabricans.

Un avis du Conseil d'État du 5 avril 1813 a décidé qu'avant d'autoriser le transfèrement d'un établissement de première classe, ou bien de le permettre, il sera procédé à une information *de commodo et incommodo*, dans laquelle les voisins seront entendus.

L'ordonnance du Roi du 14 janvier 1815 ajoute quelques professions à celles qui sont classées dans les précédentes, et surtout au décret d'octobre 1810.

L'importance du réglement de 1815 pour les manufacturiers et les fabricans en général nous fait une loi de le rapporter ici.

Première classe des établissemens et ateliers pour la création desquels il sera nécessaire de se pourvoir d'une autorisation de Sa Majesté, accordée en Conseil d'État.

Acide nitrique (eau-forte).
Acide pyroligneux, lorsque les gaz se répandent dans l'air sans être brûlés.
Acide sulfurique (huile de vitriol).
Affinage des métaux.
Amidonniers.
Artificiers.
Bleu de Prusse.
Boyaudiers.

Cendres gravelées.

Cendres d'orfèvre, lorsqu'elles sont traitées par le plomb.

Chanvre, rouissage en grand par son séjour dans l'eau.

Charbon de terre, épurage.

Chaux, fours à chaux permanens.

Indépendamment des formalités prescrites ci-dessus par le décret du 15 octobre 1810, la formation des établissemens de ce genre ne pourra avoir lieu qu'après que les agens forestiers en résidence sur les lieux auront donné leur avis sur la question de savoir si la reproduction des bois dans le canton, et les besoins des communes environnantes, permettent d'accorder la permission.

Colle-forte (fabriques de).

Cordes à instrumens (fabriques de .

Cretonniers.

Cuirs vernis (fabriques de).

Ecarrissage.

Echaudoirs.

Encre d'imprimerie (fabriques d').

Fourneaux (hauts).

Les établissemens de ce genre ne seront autorisés qu'autant que les entrepreneurs auront rempli les formalités prescrites par la loi du 21 avril 1810, et par les instructions du ministre de l'intérieur.

Glaces (fabriques de).

Indépendamment des formalités prescrites par le décret du 15 octobre 1810, la formation des fabriques de ce genre ne pourra avoir lieu qu'après que les agens forestiers en résidence sur les lieux auront donné leur avis sur la question de savoir si la reproduction des bois dans le canton, et les besoins des communes environnantes, permettent d'accorder la permission.

Goudron (fabrication du).

Huile de pieds de bœuf (fabriques d').

Huile de poisson (fabriques d').

Huile de térébenthine et huile d'aspic (distilleries en grand d').

Huile rousse (fabriques d').

Litharge (fabrication de la).

Massicot (fabriques de).

Ménageries.

Minium (fabrication du).

Noir d'ivoire et noir d'os (fabriques de), lorsqu'on n'y brûle pas la fumée.

Orseille (fabrication de l').

Plâtre (fours à) permanens.

Indépendamment des formalités prescrites par le décret du 15 octobre 1810, la formation des fabriques de ce genre ne pourra avoir lieu qu'après que les agens forestiers en résidence sur les lieux auront donné leur avis sur la question de savoir si la reproduction des bois dans le canton, et les besoins des communes environnantes, permettent d'accorder la permission.

Pompes à feu ne brûlant pas la fumée.

Porcheries.

Poudrette.

Rouge de Prusse (fabrique de) à vases ouverts.

Sel ammoniac, ou muriate d'ammoniac (fabrication du), par le moyen de la distillation des matières animales.

Soufre (distillation du).

Suif brun (fabrication du).

Suif en branche (fonderie du) à feu nu.

Suif d'os (fabrication du).

Sulfate d'ammoniac (fabrication du) par le moyen de la distillation des matières animales.

Sulfate de cuivre (fabrication du) au moyen du soufre et du grillage.

Sulfate de soude (fabrication du) à vases ouverts.

Sulfures métalliques (grillage des) en plein air.

Tabac (combustion des côtes du) en plein air.
Taffetas cirés (fabriques de).
Taffetas et toiles vernis (fabrication des).
Tourbe (carbonisation de la) à vases ouverts.
Tripiers.
Tueries, dans les villes dont la population excède dix mille âmes.
Vernis (fabriques de).
Verre, cristaux et émaux (fabriques de).

Établissemens et ateliers dont il importe de ne permettre la formation qu'après avoir acquis la certitude que les opérations qu'on y pratique seront exécutées de manière à ne pas incommoder les propriétaires du voisinage, ni à leur causer des dommages.

Pour former ces établissemens, l'autorisation du préfet sera nécessaire, sauf, en cas de difficulté, ou en cas d'opposition de la part des voisins, le recours à notre Conseil d'État.

Acier (fabriques d').
Acide muriatique (fabrication de l') à vases clos.
Acide muriatique oxigéné (fabrication de l').
Acide pyroligneux (fabriques d'), lorsque les gaz sont brûlés.
Ateliers à enfumer les lards.
Blanc de plomb ou de céruse (fabriques de).
Bleu de Prusse (fabriques de), lorsqu'elles brûlent leur fumée et le gaz hydrogène sulfuré, etc.
Cartonniers.
Cendres d'orfèvre (traitement des) par le mercure et la distillation des amalgames.
Cendres gravelées (fabrication des), lorsqu'on brûle la fumée, etc.
Chamoiseurs.
Chandeliers.
Chapeaux (fabriques de).
Charbon de bois fait à vases clos.

Charbon de terre épuré, lorsqu'on travaille à vases clos.

Châtaignes (dessiccation et conservation des).

Chiffonniers.

Cire à cacheter (fabriques de).

Corroyeurs.

Couverturiers.

Cuirs verts (dépôts de).

Cuivre (fonte et laminage du).

Eau-de-vie (distilleries d').

Faïence (fabriques de).

Fondeurs en grand au fourneau à réverbère.

Galons et tissus d'or et d'argent (brûleries en grand des).

Genièvre (distilleries de).

Goudron (fabrique de) à vases clos.

Hareng (saurage du).

Hongroyeurs.

Huiles (épuration des) au moyen de l'acide sulfurique.

Indigoteries.

Liqueurs (fabrication des).

Maroquiniers.

Mégissiers.

Noir de fumée (fabrication du).

Noir d'ivoire et noir d'os (fabrication des), lorsqu'on brûle la fumée.

Or et argent (affinage de l'), au moyen du départ et du fourneau à vent.

Os (blanchîment des) pour les éventaillistes et les boutonniers.

Papiers (fabriques de).

Parcheminiers.

Pipes à fumer (fabrication des).

Plomb (fonte du), et laminage de ce métal.

Poêliers-fournalistes.

Porcelaine (fabrication de la).

Potiers de terre.

Rouge de Prusse (fabrique de) à vases clos.

Salaisons (dépôts de).

Sel ou muriate d'étain (fabrication du).

Sucre (raffineries de).

Suif (fonderies de) au bain-marie ou à la vapeur.

Sulfate de soude (fabrication du) à vases clos.

Sulfates de fer et de zinc (fabrication des), lorsqu'on forme ces sels de toutes pièces avec l'acide sulfurique et les substances métalliques.

Sulfures métalliques (grillage des) dans les appareils propres à retirer le soufre ou à utiliser l'acide sulfureux qui se dégage.

Tabac (fabriques de).

Tabatières en carton (fabrication des).

Tanneries.

Toiles (blanchîment des) par l'acide muriatique oxigéné.

Tourbe (carbonisation de la) à vases clos.

Tuileries et briqueteries.

Établissemens et ateliers pour la formation desquels il sera nécessaire de se munir d'une permission, aux termes des articles 2 et 8 du décret du 15 octobre 1810.

Acétate de plomb (fabrication de l'), sel de Saturne.

Batteurs d'or et d'argent.

Blanc d'Espagne (fabriques de).

Bois dorés (brûleries des).

Boutons métalliques (fabrication des).

Borax (raffinage du).

Brasseries.

Briqueteries ne faisant qu'une seule fournée en plein air, comme on le fait en Flandre.

Buanderies.

Camphre (préparation et raffinage du).

Caractères d'imprimerie (fonderies de).

Cendres (laveurs de).

Cendres bleues et autres précipités du cuivre (fabrication des).

Chaux (fours à) ne travaillant pas plus d'un mois
par année.

Ciriers.

Colle de parchemin et d'amidon (fabriques de).

Corne (travail de la) pour la réduire en feuilles.

Cristaux de soude (fabriques de), sous-carbonate
de soude cristallisé.

Doreurs sur métaux.

Eau seconde (fabrication de l') des peintres en
bâtimens, alcalis caustiques et dissolution.

Encre à écrire (fabriques d').

Essayeurs.

Fer-blanc (fabriques de).

Feuilles d'étain (fabrication des).

Fondeurs au creuset.

Fromages (dépôts de).

Glaces (étamage des).

Moulins à huile.

Ocre jaune (calcination de l') pour la convertir
en ocre rouge.

Papiers peints et papiers marbrés (fabriques de).

Plâtre (fours à) ne travaillant pas plus d'un mois
par année.

Plombiers et fontainiers.

Plomb de chasse (fabrication du).

Pompes à feu, brûlant leur fumée.

Potasse (fabriques de).

Potiers d'étain.

Sabots (ateliers à enfumer les).

Salpêtre (fabrication et raffinage du).

Savonneries.

Sel de soude sec (fabrication du), sous-carbonate
de soude sec.

Sel (raffineries de).

Soude (fabrication de la), ou décomposition du
sulfate de soude.

Sulfate de cuivre (fabrication du) au moyen de l'acide sulfurique et de l'oxide de cuivre, ou du carbonate de cuivre.

Sulfate de potasse (raffinage du).

Sulfates de fer et d'alumine. Extraction de ces sels, des matériaux qui les contiennent tout formés, et transformation du sulfate d'alumine en alun.

Tartre (raffinage du).

Teinturiers.

Teinturiers-dégraisseurs.

Tueries, dans les communes dont la population est au-dessous de dix mille habitans.

Vacheries, dans les villes dont la population excède cinq mille habitans.

Vert-de-gris et verdet (fabrication du).

Viandes (salaison et préparation des).

Vinaigre (fabrication du).

L'accomplissement des formalités établies par le décret du 15 octobre 1810 et par la présente ordonnance, ne dispense pas de celles qui sont prescrites pour la formation des établissemens qui seront placés dans le rayon des douanes, ou sur une rivière, qu'elle soit navigable ou non : les réglemens à ce sujet continueront à être en vigueur.

Une ordonnance du 20 septembre 1828 a ajouté les dispositions suivantes à celles qu'on vient de lire.

« Les fabriques de sel ammoniac extrait des eaux de condensation du gaz hydrogène sont rangées dans la première classe des établissemens dangereux, insalubres ou incommodes.

« Sont rangés dans la deuxième classe des mêmes établissemens et ateliers,

« La carbonisation du bois à air libre, lorsqu'elle se pratique dans des établissemens permanens et ailleurs que dans les bois et forêts ou en rase campagne,

« Les dépôts de chrysalides,

« L'extraction de l'huile et des autres corps gras contenus dans les eaux savonneuses des fabriques,

« Le dérochage du cuivre par l'acide nitrique,

« Les battoirs à écorce dans les villes,

« Les usines à laminer le zinc,

« Le sécrétage des peaux ou poils de lièvre et de lapin.

« Feront partie de la troisième classe des mêmes établissemens et ateliers,

« Les fabriques d'ardoises artificielles et mastics de différens genres.

« La durée des affiches et des publications pour les demandes en permission d'établir des verreries est définitivement fixée à un mois, comme pour toutes les autres demandes relatives à la formation d'établissemens dangereux, insalubres ou incommodes de la première classe, à laquelle continueront d'appartenir les fabriques de verre, cristaux et émaux, qui demeurent soumises au régime du décret du 15 octobre 1810 et de l'ordonnance du 14 janvier 1815. »

On verra au chapitre *Des Douanes* les dispositions légales qui autorisent le déplacement des manufactures qui se trouveraient dans leur rayon, et qui pourraient faciliter la contrebande.

CHAPITRE VI.

CHAMBRES CONSULTATIVES DES MANUFACTURES, ARTS ET MÉTIERS.

Elles doivent leur existence à la loi du 22 germinal an XI, et leur organisation et attributions à l'arrêté du gouvernement du 10 thermidor de la même année.

Elles sont composées chacune de six membres, et

présidées par les maires des lieux où elles sont placées ; nul n'en peut être membre s'il n'est manufacturier, fabricant, directeur de fabrique, ou s'il n'a exercé une de ces deux professions pendant cinq ans au moins. Les membres sont choisis dans une assemblée de vingt à trente fabricans les plus distingués, convoquée et présidée par le préfet ou le maire de la commune, et renouvelés par tiers tous les ans, avec la faculté d'être réélus.

Les fonctions de ces chambres sont uniquement de faire connaître les besoins et les améliorations des manufactures, fabriques, arts et métiers. Les chambres de commerce remplissent les mêmes fonctions dans les villes où il n'y a pas de chambre consultative. Celles-ci envoient leurs mémoires ou projets au sous-préfet de l'arrondissement, qui les transmet, avec leurs observations, au préfet qui les fait passer au ministre du commerce et manufactures, avec son avis.

CHAPITRE VII.

CONSEILS DE PRUDHOMMES.

Aucune loi protectrice de l'industrie manufacturière n'a peut-être mieux rempli son objet que celle qui institue les *Conseils de Prudhommes*. On verra, par leur forme et leurs fonctions, les services qu'ils rendent aux chefs des manufactures, et avec quelle simplicité et célérité les différends entre les chefs et les ouvriers y sont vidés ou conciliés.

L'institution de ces conseils, tels qu'ils existent aujourd'hui, date de la loi du 18 mars 1808, qui en créa un pour la ville de Lyon. Un décret postérieur, du 20 février 1810, a déterminé la composition et les attributions de cette espèce de tribunal ;

en l'étendant à toutes les villes où le gouvernement croirait utile d'en établir.

Les conseils de prudhommes ne peuvent être composés que de marchands fabricans, de chefs d'atelier, de contre-maîtres, de teinturiers et ouvriers patentés. En aucun cas les chefs d'atelier, les contre-maîtres, les teinturiers ou les ouvriers ne sont égaux en nombre aux marchands fabricans. Ceux-ci auront toujours dans le conseil un membre de plus que tous les autres ensemble.

Ils sont établis sur la demande des chambres de commerce ou des chambres consultatives des manufactures. Ils sont renouvelés en partie chaque année au premier janvier, dans les proportions et les formes déterminées par la loi. Les prudhommes sortant sont toujours rééligibles.

Ils sont chargés de veiller à l'exécution des mesures conservatrices de la propriété des marques empreintes aux produits des fabriques (1) et de plusieurs autres fonctions relatives à la police des ouvriers, à leurs contestations avec les maîtres, et à la surveillance des ateliers.

Le décret du 20 février 1810 autorise (art. 44) les prudhommes à faire des visites dans les ateliers pour y prendre connaissance des travaux et des ouvriers; mais il veut que le propriétaire de l'atelier ait été prévenu deux jours à l'avance, et celui-ci est tenu de leur donner le nombre exact des métiers qu'il a en activité, et celui des ouvriers qu'il occupe.

Cette inspection des prudhommes a pour objet unique d'obtenir des informations sur le nombre des métiers et ouvriers, et en aucun cas ils ne peuvent en profiter pour exiger la communication des livres d'affaires et des procédés nouveaux de fabrication que l'on voudrait tenir secret. (Art. 65.)

Les conseils de prudhommes ne peuvent s'immiscer

____

(1) Voyez l'article *Marques des fabriques.*

dans la délivrance des *livrets* dont les ouvriers doivent être pourvus aux termes de la loi du 22 germinal an XI ; cette attribution est exclusivement réservée aux maires et adjoints. (1)

Nul n'est justiciable des conseils des prudhommes s'il n'est marchand fabricant, chef d'atelier, contre-maître, teinturier, ouvrier, compagnon ou apprenti ; ils cesseront de l'être dès que les contestations porteront sur des affaires autres que celles qui sont relatives à la branche d'industrie qu'ils cultivent, et aux conventions dont cette industrie aura été l'objet ; dans ce cas ils doivent s'adresser aux juges ordinaires.

La juridiction des conseils de prudhommes s'étend à toutes les fabriques du lieu ou du canton de la situation de la fabrique ; les prudhommes ne connaissent que comme arbitres des contestations entre fabricans et marchands pour les marques des ouvrages (2) ; et entre fabricans et ses ouvriers contre-maîtres, des difficultés relatives aux opérations de la fabrique.

Les conseils de prudhommes sont élus dans une assemblée tenue à cet effet et convoquée par le préfet, et présidée par lui ou par un fonctionnaire qu'il désigne.

Tout marchand fabricant, tout chef d'atelier, tout contre-maître et ouvrier patenté peut voter dans l'assemblée en se faisant inscrire huit jours à l'avance à l'hôtel de ville. Les conseils de prudhommes sont composés de cinq, de sept, de neuf, de quinze membres, suivant l'importance de l'industrie des villes où ils sont établis.

Ils sont composés d'un bureau particulier et d'un bureau général. Le bureau particulier et le bureau général sont composés de plus ou moins de membres, suivant le nombre de ceux du conseil.

---

(1) Voyez l'article *Livrets.*
(2) Voyez l'article *Marque des ouvrages.*

Le bureau particulier a pour objet de concilier les parties; s'il ne le peut, il les renvoie devant le bureau général, qui prend connaissance de toutes les affaires qui n'auraient pas été terminées par le bureau particulier, par la voie de conciliation, quelle que soit la quantité de la somme dont elles auraient été l'objet.

Conformément au décret du 3 août 1810 qui, en cela, a étendu la compétence des conseils de prud'hommes fixée par le décret du 20 février précédent, ils sont autorisés à juger toutes les contestations qui naîtront entre les marchands fabricans, chefs d'atelier, contre-maîtres, ouvriers, compagnons et apprentis, quelle que soit la somme dont elles seraient l'objet, et leurs jugemens sont définitifs et sans appel si la contestation n'excède pas 100 francs en capital et en accessoires; au-dessus de 100 fr. leurs jugemens sont sujets à l'appel devant le tribunal de commerce de l'arrondissement, et à défaut de tribunal de commerce, devant le tribunal civil de première instance.

Les jugemens des conseils de prudhommes, jusqu'à concurrence de 3oo fr., sont exécutoires par provision, nonobstant l'appel, et sans qu'il soit besoin, pour la partie qui aura obtenu gain de cause, de fournir caution. Au-dessus de 3oo francs, ils sont exécutoires par provision en fournissant caution.

Tout justiciable des conseils de prudhommes, et pour les causes de leur compétence, est tenu, sur une simple lettre de leur secrétaire, de s'y rendre en personne, sans pouvoir se faire remplacer, hors le cas d'absence ou de maladie; alors il sera admis à se faire représenter par l'un de ses parens, négociant ou marchand, exclusivement porteur de sa procuration. S'il ne paraît pas sur la citation, il lui en sera remis une autre par l'huissier du conseil, qui indiquera les motifs de la citation.

Si, au jour indiqué dans la citation, l'une des

parties ne comparaît pas, la cause sera jugée par défaut, sauf l'envoi d'une nouvelle citation dans le cas où l'on n'aurait pas observé les délais prescrits par la loi entre le jour de la citation et la comparution au conseil. La partie condamnée par défaut a trois jours pour signifier opposition par huissier du conseil. La partie opposante qui se serait laissé condamner une seconde fois par défaut, n'est plus admise à former une nouvelle opposition.

Toutes les fois qu'un ou plusieurs prudhommes jugeront devoir se transporter dans une manufacture ou dans des ateliers pour apprécier par leurs propres yeux l'exactitude de quelque fait qui aurait été allégué, ils doivent être accompagnés de leur secrétaire qui apportera la minute du jugement préparatoire.

Si les parties sont contraires en faits de nature à être constatés par témoins, le conseil peut en ordonner la preuve par enquête et audition de témoins.

Outre les attributions comme juges des contestations entre les manufacturiers et leurs ouvriers pour le fait de la fabrication des ouvrages, les prudhommes exercent encore un droit de police spécifié par le décret du 3 août 1810.

« Tout délit tendant à troubler l'ordre et la discipline de l'atelier, tout manquement grave des apprentis envers leurs maîtres, pourront être punis par les prudhommes d'un emprisonnement qui n'excédera pas trois jours, sans préjudice de l'article 19, titre V de la loi du 23 germinal an XI (1), et de la concurrence des officiers de police et tribu-

---

(1) Cet article est ainsi conçu : « Toutes les affaires de simple police entre les ouvriers et apprentis, les manufacturiers, fabricans, artisans, seront portées à Paris devant le préfet de police, et dans les autres villes devant le maire ou ses adjoints. »

naux. L'expédition du prononcé des prudhommes sera mise à exécution par le premier agent de la force publique sur ce requis. »

CHAPITRE VIII.

BREVETS D'INVENTION.

Par deux lois successives (1), tout inventeur d'une fabrique nouvelle ou d'un moyen d'ajouter à une fabrication quelconque un nouveau genre de perfection, a droit de se faire délivrer un *brevet d'invention* pour cinq, dix ou quinze ans, à son choix ; et, pendant ce temps, il a le privilége exclusif de l'exploitation de sa découverte. Sur son propre brevet, il peut en prendre un autre d'*addition*, *changement* ou *perfectionnement*.

Celui qui apporte en France une découverte étrangère a le même avantage que s'il était l'inventeur ; ce brevet se nomme *d'importation*.

Le brevet étant donné sur une simple réquisition, l'autorité ne répond en rien de la bonté des inventions ; elle ne les fait point examiner, car on ne pourrait le faire avant de leur avoir assuré le privilége sans compromettre le secret de l'inventeur. Ainsi, ces annonces fastueuses de *brevets accordés par le Roi*, et autres semblables, ne signifient rien, et ne portent aucune recommandation.

Pour obtenir le brevet, il faut présenter une pétition au préfet de son département ; elle doit être accompagnée d'un mémoire descriptif de la découverte, avec les plans, modèles et échantillons ; le tout est remis cacheté par l'auteur. Il paie en même temps 5o fr. pour les frais d'expédition et une taxe

____

(1) Celles du 7 janvier et du 25 mai 1791.

de 300, 800 ou 1500 fr., suivant celui des trois termes pour lequel il demande le brevet. La moitié de la taxe seulement est payable d'abord en fournissant la soumission de la solder six mois après la date du brevet. Il y aurait déchéance prononcée si l'on manquait à cet engagement.

La pétition et le mémoire cacheté sont transmis de la préfecture au ministère du commerce ; la demande y est enregistrée, et un certificat est expédié à l'auteur : il lui tient lieu de brevet. A la fin de chaque trimestre, une ordonnance du Roi ratifie les certificats délivrés et proclame les brevets; elle est insérée au *Bulletin des Lois*. Les années pour lesquelles le privilége est acquis, ainsi que les effets et les droits qui en résultent, datent du jour de la délivrance du certificat.

Entre deux concurrens pour la même invention, le privilége reste à celui dont le dépôt de la pétition et du mémoire descriptif a été enregistré le premier à la préfecture du département. (1)

Le breveté peut exploiter par toute la France; il peut former autant d'établissemens que bon lui semble. Il peut céder son privilége en tout ou en partie; la cession, qui ne peut être faite que devant notaire, doit, à la diligence des deux parties, à peine de nullité, être enregistrée à la préfecture et dans les bureaux du ministre, sur le certificat du préfet. La loi primitive ne permettait pas qu'un brevet fût exploité par actions ; le gouvernement, par un décret du 25 novembre 1806, a fait cesser cet empêchement.

Une condition attachée aux brevets d'invention, c'est qu'à son terme ou à sa déchéance la découverte appartient au public. Les mémoires et dessins passent des bureaux du ministre, où ils restaient dé-

---

(1) Décret du 25 janvier 1807.

posés, au Conservatoire des arts, pour que chacun en prenne connaissance. (1)

Il y a déchéance du brevet, si, dans le cours de deux années de sa date, l'auteur n'a pas fait usage de sa découverte, à moins qu'il ne fournisse des raisons valables de son retard.

Une autre cause de déchéance est quand la prétendue découverte était déjà connue ou consignée dans un livre imprimé; quand il y a contestation à cet égard entre deux concurrens, ce sont les tribunaux qui en décident.

Le possesseur du brevet est fondé, moyennant qu'il fournisse une caution, à faire saisir les objets qu'il prétend être de contrefaçon. Le contre-facteur est assigné devant le juge-de-paix, qui, vérification faite et les parties entendues avec leurs témoins, prononce par un jugement exécutoire par provision et nonobstant l'appel. S'il y a contrefaçon, la peine est la confiscation avec les dommages-intérêts envers le breveté, et une amende égale au quart de ces dommages, sans dépasser 3,000 fr., ou le double en cas de récidive.

Tarif des Droits à payer pour l'obtention des Brevets.

Pour un brevet de cinq ans. . . . . 300 fr.
Brevet de dix ans. 800
Brevet de quinze ans. 1,500
Pour un certificat de perfectionnement,
    de changement ou d'addition. 24
Droit de prolongation du brevet. 600
Enregistrement du brevet de prolonga-
    tion. 12
Enregistrement d'une cession de brevet
    en tout ou en partie. 18
Pour la recherche et la communication
    d'une description. 12

_____

(1) Ils sont publiés par les soins du directeur de cet éta-

Tarif des Droits à payer au secrétariat de la Préfecture.

Pour le procès-verbal de remise d'une
    description, ou de quelques perfec-
    tionnemens, changemens et additions,
    et des pièces relatives. . . . .   12 fr.
Pour l'enregistrement d'une cession de
    brevet en tout ou en partie.   12
Pour communication du catalogue ou
    droit de recherche.   5

Une loi du 13 août 1810, en interprétant les dispositions des lois des 7 janvier et 26 mai 1791, sur
la durée des *brevets d'importation*, a statué qu'elle serait la même que celle des *brevets d'invention*.

CHAPITRE IX.

EXPOSITION DES PRODUITS DE L'INDUSTRIE NATIO-
NALE.

L'histoire et les détails statistiques de ces expositions offriraient un tableau très intéressant des progrès et de l'état de nos fabriques et manufactures de
toute espèce ; mais ce n'est pas ici le lieu d'embrasser un si vaste sujet. Nous ne l'envisageons que sous
son rapport avec les encouragemens donnés à l'industrie française, et aussi comme un moyen d'en
connaître la situation à des époques fixes.

Le premier résultat de ces expositions doit être
d'exciter une noble émulation entre tous les fabricans et artistes du royaume, par suite des distinctions honorifiques qu'ils reçoivent du gouvernement, et par l'avantage de rendre le public témoin

blissement, et ce Recueil peut utilement servir aux fabricans et à tous ceux qui s'occupent d'arts et d'industrie.

de leurs travaux et de leurs succès dans les arts ; à quoi on pourrait ajouter la connaissance qui en résulte des différens objets fabriqués sur les divers points du royaume, et qui peuvent entrer dans le commerce et exciter le goût des consommateurs.

Les récompenses consistent en médailles d'or, d'argent, de bronze, distribuées aux manufacturiers, dont un jury central, établi à Paris, les juge dignes ; le Roi accorde aussi des distinctions à ceux qui lui paraissent en avoir mérité, et que le ministre du commerce lui désigne.

La première exposition des produits de l'industrie française eut lieu au Champ-de-Mars en 1798, sous le ministère de M. François de Neuchâteau, sous soixante arcades ou portiques construits pour recevoir les marchandises : elle ne dura que trois jours.

Trois ans après, c'est-à-dire en 1801, eut lieu la seconde exposition dans la cour du Louvre, sous le ministère de M. Chaptal, et dura cinq jours.

La troisième, sous le même ministre, fut également tenue dans la cour du Louvre, et dura depuis le 18 septembre 1802 jusqu'au 24 du même mois.

Cette exposition fut très brillante, quoiqu'elle n'approchât pas de ce que nous avons vu depuis. Elle fit connaître l'émulation qui régnait parmi les fabricans et artistes. Le nombre de ceux qui avaient envoyé les produits de leur industrie n'avait été jusque-là que de onze cents ; il s'éleva à près de quinze cents.

La place des Invalides fut le lieu choisi pour la quatrième exposition : elle commença le 25 septembre 1806, et dura jusqu'au 19 octobre de la même année. M. de Champagny était ministre de l'intérieur. On y vit environ 3,400 manufacturiers : cette exposition présentait, en quelque sorte, une statistique vivante de l'industrie des cent treize départemens de la France d'alors.

Le 25 août 1819 eut lieu la cinquième exposition, sous M. Decazes : elle dura jusqu'au 30 septembre de la même année, et se tint dans les galeries supérieures et du rez-de-chaussée du Louvre ; elle surpassa les précédentes en riches produits de l'industrie française.

En 1823, la sixième exposition se tint également au Louvre, et dura depuis le 25 août jusqu'au 15 octobre, sous le ministère de M. de Corbière : elle surpassa en magnificence et en richesse tout ce qui avait précédé.

Enfin, la dernière s'ouvrit le 1er août 1827, et se termina le 2 octobre, sous le même ministère.

Voici les dispositions de l'ordonnance du Roi du 29 janvier 1823, qui peuvent intéresser les manufacturiers aux époques des expositions :

« Tous les manufacturiers et fabricans établis en France, qui voudront concourir à cette exposition, seront tenus de se faire inscrire au secrétariat-général de la préfecture de leur département, à l'époque indiquée par notre ministre de l'intérieur.

« Chaque préfet nommera un jury, composé de cinq membres, pour prononcer sur l'admission ou le rejet des objets qui lui seront présentés.

« Un jury central, composé de quinze membres, sera nommé par notre ministre de l'intérieur (1), à l'effet de juger les produits de l'industrie ; il désignera les manufacturiers qui auront mérité soit des prix, soit une mention honorable.

« Un échantillon de chacune des productions désignées par le jury sera déposé au Conservatoire des arts et métiers, avec une inscription particulière qui rappellera le nom du manufacturier ou fabricant qui en sera l'auteur. »

____

(1) Aujourd'hui le ministre du commerce.

CINQUIÈME PARTIE.

INDUSTRIE MANUFACTURIÈRE.

Sous ce titre nous réunirons différens documens sur l'état et les procédés de plusieurs genres d'industrie, et l'état où ils se trouvent.

Ces renseignemens peuvent guider le fabricant dans les études qu'exige la multitude d'objets qui doivent l'occuper; nous nous bornerons cependant aux principaux.

1°. *Lainages, draperies.*

Sous la dénomination générique d'*étoffes drapées* ou *lainées*, on comprend les draps unis, les draps croisés, les casimirs, les cuirs de laine, les flanelles, les molletons, et en général toutes les étoffes à trame de laine dont le tissu n'est point distinct, et qui présente l'aspect d'un duvet ou lainage plus ou moins fin.

Les draps unis et les draps proprement dits, forment à eux seuls une classe d'étoffes appelée *draperie;* mais les fabricans qui s'en occupent font aussi les casimirs, les flanelles, et toutes les étoffes qu'on vient de réunir.

Le degré de supériorité auquel la draperie fine est depuis long-temps parvenue en France, paraissait ne plus devoir comporter de progrès; cependant ils ont été très remarquables depuis plusieurs années, et les expositions de 1823 et 1827 en sont une preuve bien sensible.

Les fabricans apportent un soin plus soutenu dans le choix et la préparation des laines ; presque tous ont perfectionné leurs procédés en adoptant les machines qui diminuent les frais et régularisent les mouvemens. Les tondeuses ou machines à tondre sont adoptées dans un grand nombre d'ateliers.

Sedan et Louviers sont toujours au premier rang pour la fabrication des draps superfins ; Beaumont-le-Roger, département de l'Eure, lutte avec Louviers de perfection ; Elbeuf continue de mériter sa réputation pour la solidité de ses produits, et fabrique maintenant des draps qui, pour la finesse et le moelleux, approchent de ceux de ces deux dernières villes ; Castres, dont la renommée manufacturière ne date que de 1814, est à la tête des fabriques pour les cuirs de laine, *tout laine*, les casimirs et les draps croisés destinés au Levant. Les beaux draps de Sedan sont imités à Tours et à Limoux ; ceux de Louviers à Beauvais ; ceux d'Elbeuf à Lodève.

Les villes de Tours, de Montlunel, de Vienne, de Châteauroux, de Carcassonne, de Lavenet et autres, fournissent des draps moyens à la consommation militaire et à l'exportation ; celles de Bourges, de Clermont, de Lodève, de Bedarieux, de Limoges, de Troyes, de Vire, sont en possession d'en fournir des communs pour l'équipement des troupes ; ils fabriquent aussi pour la consommation ; les qualités sont meilleures et les prix plus bas qu'autrefois.

La draperie, considérée dans son ensemble, est une des sources considérables de notre industrie manufacturière, et fournit d'immenses produits au commerce ; on estime à plus de 150,000,000 la valeur des produits qu'elle lui livre annuellement. La ville d'Elbeuf seule entre dans cette somme pour 36,000,000.

Les draps légers, lisses ou croisés, appelés *zéphirs* ou *amazones*, sont devenus un objet important de fabrication ; on les recherche dans les marchés étrangers. Des draps de cette sorte composaient la plus notable partie d'une expédition de plus d'un million, faite pour la Chine en 1827.

2°. *Flanelles, Étoffes rases, Tissu mérinos.*

L'usage des flanelles, si utile à la santé, devient très général en France, depuis qu'on a commencé à fabriquer des flanelles lisses, dites de *gailes* et *bolivard*. Pendant long-temps on n'avait connu que la *flanelle croisée*, dont la chaîne est en laine peignée et la trame en laine cardée. La *flanelle lisse*, employant pour chaîne et pour trame la laine cardée, offre au consommateur un tissu plus souple, plus léger, plus moelleux, qui réunit encore l'avantage de pouvoir s'établir à meilleur marché.

Fabriquées à l'instar des flanelles anglaises, nos flanelles lisses ont, à peu de chose près, égalé leurs modèles ; et si les premières paraissent se distinguer par une plus grande solidité et moins de disposition à se feutrer au lavage, cet avantage est moins dû au procédé de fabrication qu'à la nature des laines d'Angleterre.

Reims continue à fabriquer des flanelles croisées qui sont recherchées dans les départemens.

La fabrication des étoffes improprement appelées *poils de chèvre*, retire de grands avantages de l'introduction en France de moutons anglais. Ces étoffes résultent d'une trame de laine lisse, montée sur une chaîne de coton ; c'est à cette laine qu'elles doivent le vif éclat dont elles brillent et qui en fait le principal mérite.

Les étoffes connues sous le nom de *papelines* ou *popelines*, sont une heureuse application de la laine lisse ; elles sont composées d'une trame de cette laine, au travers de laquelle une chaîne en soie ressort en dessins élégans, et produit d'agréables jeux de lumière.

La *Savonnerie* n'est pas la seule où ces étoffes d'un nouveau goût sont fabriquées, mais celles qui en sortent jouissent d'une réputation qui leur est bien acquise pour la qualité et la beauté qui les rendent comparables, à tous égards, à celles d'Irlande.

La *circassienne*, étoffe printanière, doit sa création à l'industrie de Reims; elle se compose d'une trame de laine cardée et d'une chaîne de coton; il s'en fabrique dans un grand nombre de manufactures, ce qui fait l'objet d'un produit avantageux.

Le *tissu mérinos*, que l'on connaissait à peine il y a vingt ans, est devenu un produit d'une extrême importance. On estimait à plus de 15,000,000 la quantité de ce qui s'en fabriquait à Reims et dans un rayon de huit lieues autour, en 1827.

Ce tissu est composé d'une chaîne en laine peignée et d'une trame en laine cardée. La trame est filée à la mécanique, mais la chaîne est encore presque filée à la main.

Les étoffes dites *napolitaines* sont des flanelles larges, dont la chaîne et la trame sont en laine cardée, le tissage en est fait à la mécanique, et comme les fils en sont bien assortis, leur couleur est uniforme et belle; c'est le même procédé qu'on emploie pour les *mérinos renforcés*, et qui jouissent d'un avantage sur les autres.

3°. *Duvet de chèvre, Cachemires, Châles.*

Depuis que les *cachemires* ou châles indiens ont été adoptés par la mode, il était à croire que les fabricans français s'efforceraient d'imiter ces belles étoffes ; on ne s'est pas trompé, et le succès a couronné les tentatives.

Mais la matière première manquait ; on n'en connaissait point la nature et l'origine. Les procédés pour brocher les ornemens dont les fonds sont semés, ainsi que les riches bordures qui les entourent, étaient également inconnus ; il fallait pouvoir imiter ces procédés.

Après avoir successivement employé la laine de mérinos et le poil fin du chameau, ou le chevron, les fabricans français se sont déterminés à faire usage du duvet que portent les chèvres dont les Kirghiz nomades ont formé d'immenses troupeaux au nord de la mer Caspienne, et qui font une des principales richesses de ces peuples pasteurs.

Cette matière, que le commerce du Levant nous fournit avec abondance, a une ressemblance heureuse avec celle dont se servent les Cachemiriens (1), et que les versions les plus accréditées font provenir d'une autre espèce de chèvres particulières à une des provinces du Petit-Thibet.

Des tentatives heureuses ont été faites pour naturaliser chez nous les chèvres à duvet de cachemire. Le gouvernement a formé à Perpignan un troupeau de chèvres de cette espèce, dont le duvet a produit de beaux cachemires blancs.

On a remarqué que nos chèvres indigènes portent elles-mêmes sous leurs longs poils une première fourrure, moins abondante à la vérité que celle des chèvres de Cachemire, mais qui en diffère peu par la finesse. On a fait dans le département des Hautes-

---

(1) On sait que les Cachemiriens habitent une province la plus septentrionale de l'Indostan, soumise aux Afghans ; bornée au nord par le Petit-Thibet, à l'est par Ladak, et au sud et à l'ouest par Lahore. C'est un pays fertile, dont la capitale porte le nom de *Cachemire*, et a une population de 200,000 habitans, suivant quelques voyageurs.

Alpes, des chapeaux d'un mélange de ce duvet et de poil de lapin.

Le filage du duvet de cachemire, soit marronné ou brut, soit soufré, se fait au moyen de machines, avec une grande perfection. La finesse du fil que l'on obtient, n'est pour ainsi dire bornée que par la nécessité de lui conserver le degré de force qu'il doit présenter pour résister à la tension et au choc que la fabrication lui fait éprouver.

Plusieurs maisons, soit à Paris, soit aux environs, s'occupent avantageusement de la filature du cachemire, et livrent du fil d'une grande finesse.

Tissus de cachemire et châles.

Deux méthodes sont employées pour la fabrication ou tissage du cachemire, *l'espoulinage* et le *lancé*.

Le premier procédé est celui à l'aide duquel on parvient à une imitation exacte des châles indiens; il est connu de tous les fabricans, mais peu l'emploient, parce que le prix des châles exécutés par cette méthode est au-dessus des facultés du plus grand nombre de consommateurs. La cherté de ce bel article tient à ce qu'il s'exécute à l'aide d'un travail manuel, et par conséquent très-dispendieux. Le seul moyen d'en abaisser le prix serait de substituer un moteur mécanique à la main de l'homme.

Le *lancé* est donc le procédé que jusqu'ici emploient les fabricans, moyen déjà usité en France pour brocher diverses étoffes. Les châles fabriqués par cette méthode se reconnaissent en ce qu'ils sont découpés à l'envers; ils portent particulièrement le nom de *cachemire français;* ce procédé est moins coûteux que *l'espoulinage*, parce qu'il admet une action mécanique.

Considérée dans son ensemble, la fabrication des châles et des tissus unis de cachemire est maintenant une des belles et productives parties de l'industrie française ; on estimait, en 1827, à près de 24,000,000 la masse d'affaires dont elle enrichit annuellement le commerce de Paris, où se trouvent toutes les maisons qui s'en occupent.

4°. *Soies , soieries.*

Lyon est toujours la première ville de l'Europe pour la fabrique des étoffes de soie; de nouveaux procédés ont augmenté la prospérité de son industrie. On a trouvé le moyen de donner à la soie non *décreusée* des couleurs presque aussi belles qu'à la soie parfaitement cuite; la cochenille a été employée pour ajouter à la vivacité de certaines couleurs ; on est parvenu à remplacer la fleur du safranum par une matière qui produit d'aussi belles nuances, et qui peut être donnée à bien meilleur prix.

La vapeur a été utilement appliquée à la préparation des chaînes de soie pour les étoffes de goût ; des résultats que l'on ne pouvait obtenir par le procédé de la chaîne ordinaire, l'ont été de chaînes convenablement *impressionnées*, et ces deux moyens, qui séparément présentaient de grandes difficultés , ont été souvent combinés d'une manière avantageuse.

De nouveaux apprêts donnés à l'or en lame, et de nouvelles combinaisons de cette lame avec la soie, ont donné naissance à des produits remarquables par un effet neuf et avantageux.

Un instrument , appelé *régulateur*, dont l'invention est due à M. Dutilleu, de Lyon, a perfectionné la fabrication des étoffes de soie pour tenture ; celle des crêpes lisses et les mousselines de Tarare, mais surtout dans la fabrication des crêpes ordinaires.

La *gaze lisse* a été perfectionnée ou plutôt inventée par M. Banse, et est l'objet d'une fabrique considérable aujourd'hui.

Tours soutient son ancienne réputation pour les étoffes de tenture en soie. Les ateliers de cette ville continuent de fournir, concurremment avec Lyon, les riches étoffes pour l'ameublement du palais de la couronne; on y fabrique aussi des ornemens d'église.

Nîmes rivalise avec Lyon et Tours pour les étoffes qui conviennent à ses moyens de fabrication. Les châles en bourre de soie, façon de cachemire, des étoffes de soie et laine, de soie et coton, les tricots, les *barrèges*, les gazes ouvragées, les tulles, y sont devenus des produits courans que leur bonne qualité et leur bas prix font rechercher.

5°. *Coton, Filature.*

Les filateurs français ont, depuis quelques années, et par une noble émulation, emprunté à l'Angleterre des mécanismes qui leur manquaient, et plusieurs d'entre eux se les sont rendus propres par de nouveaux perfectionnemens.

Le jury de 1827 a cependant reconnu qu'il leur restait encore quelque chose à faire pour donner à leurs fils, dépassant le n° 120, une force et une régularité qui les rendent propres à être employés comme chaîne; que leur choix de coton en laine n'était pas toujours fait avec un soin assez scrupuleux; enfin, qu'ils laissaient souvent quelque chose à désirer dans les préparations premières, si essentielles, et d'où dépend la perfection des fils.

Tissu de coton.

Quoiqu'il n'y ait pas encore équilibre entre la production du fil fin de coton et la consommation, néanmoins les fabricans trouvent maintenant plus de facilité à s'en procurer par le nombre de filatures mécaniques qui se sont établies depuis quelques années.

Dans le rapport sur *l'exposition* de 1823, on signala, comme une heureuse nouveauté, l'érection de quatre fabriques de tulle de coton; mais peu après le nombre s'en accrut au point qu'il s'en est trouvé plus de quarante dans les seuls départemens de l'Oise, du Nord, du Pas-de-Calais et de l'Aisne. Le débit de ce tissu est très considérable aujourd'hui; le prix du tulle s'est abaissé, depuis 1823, dans la proportion de 20 à 7 pour les $\frac{4}{4}$, et de 40 à 18 pour les $\frac{6}{4}$, et la diminution semble encore continuer.

Une industrie intéressante, celle de la broderie, emploie le tulle et fournit à un grand nombre d'ouvrières une occupation avantageuse.

La fabrique des mousselines s'est perfectionnée; elle en produit de brodées, travaillées et imitées de celles de Suisse et d'Angleterre; les manufactures de percales, jaconats et calicots madapolam se sont prodigieusement multipliées, et ont fait tomber les prix de ces articles à un taux très bas.

Un autre tissu de coton appelé guingamp, fabriqué en couleur, est devenu d'une consommation importante et forme une concurrence redoutable pour les indiennes. Rouen, Saint-Quentin, Ribeauville, Sainte-Marie-aux-Mines, sont en possession de fournir cet article qui est d'une grande consommation pour robes d'été et pour mouchoirs.

6°. *Filage de lin et chanvre.*

Le filage du lin par mécanique est un des plus importans perfectionnemens qui puissent être introduits aujourd'hui dans nos manufactures. Les travaux et les essais tentés en ce genre ont été satisfaisans pour les numéros inférieurs du fil de lin; mais il reste encore à tenter pour les fils déliés propres aux toiles fines et aux batistes

7°. *Batiste.*

Chaque exposition, dit le procès-verbal du jury de 1827, constate l'état satisfaisant, mais stationnaire, de cette belle branche d'industrie qui semble particulière au nord de la France. Aucune variation sensible dans sa fabrication et dans le prix de ses produits. Ses produits sont constamment beaux, mais chers, et ne participent point à cette diminution progressive qu'on remarque dans les prix du plus grand nombre des objets manufacturés.

Deux causes semblent concourir à cet effet : 1°. la cherté du fil, aucun moyen mécanique n'étant employé à le fabriquer; 2°. l'isolement de tous ceux qui s'occupent de cette industrie. Nous n'avons point à proprement parler des fabriques de batiste, mais des ateliers épars de filage, de tissage et de blanchîment.

L'établissement d'une belle fabrique de batiste serait très bien placé dans le département du Nord, au milieu d'une population d'excellens ouvriers.

8°. *Toiles de lin et de chanvre.*

Les observations que l'on vient de faire, d'après le jury de 1827, par rapport aux batistes, s'appliquent également aux toiles de lin et de chanvre, pour l'état stationnaire de cette branche de manufacture et le haut prix de ses produits.

9°. *Dentelles et Blondes.*

Ces deux tissus si fins, si déliés ont fait long-temps une des plus riches industries de la France. Le centre des fabriques qui s'en occupent encore se trouve à Alençon, Valenciennes, Chantilly, Caen, Bayeux. Quoique perfectionnées, les dentelles et les blondes sont moins recherchées. La faveur qui s'attache au tulle brodé diminue considérablement la consommation de la dentelle : cependant les dentelles continuent encore d'occuper une nombreuse population à Caen et aux environs, d'où l'on tire celles qui vont dans le commerce.

La fabrication de la blonde conserve aussi quelque activité ; il y en a plusieurs établissemens à Paris, et celui de Chantilly est encore considérable.

La gaze, long-temps négligée par la mode, a repris un peu de vogue depuis quelque temps ; les prix en sont très bas. Le siége principal de cette industrie se trouve dans les départemens du Nord et de l'Aisne, entre Cateau-Cambrésis et Saint-Quentin.

10°. *Chapellerie.*

La chapellerie française est estimée, elle est supérieure en général à la chapellerie étrangère, elle l'emporte sur la plupart par le feutrage, elle les surpasse toutes par les apprêts, et surtout par la teinture, quoique celle-ci laisse encore quelque chose à désirer.

Long-temps on n'a employé dans la chapellerie française que les poils d'un petit nombre d'animaux, et l'on faisait peu d'essais pour savoir si d'autres n'y étaient pas également propres. Des essais ont prouvé qu'on pouvait y faire entrer diverses espèces de poils. Le duvet de nos chèvres indigènes, mélangé convenablement avec le poil de lapin, a produit des résultats satisfaisans. On a trouvé aussi le moyen de remplacer le poil de castor pour la chapellerie fine, par celui de loutre marine, ou de loutre indigène. Il a été reconnu que le poil arraché de la peau était supérieur au poil coupé, en ce qu'il est privé de jarre, et que la racine qu'il conserve donne au feutre plus de force et d'élasticité.

11°. *Teintures.*

Elles forment une des plus importantes branches de l'industrie, pour les étoffes de laine et de soie.

L'art de la teinture a fait de rapides progrès, par l'application de la chimie à ses procédés.

On a réussi à remplacer la cochenille par deux substances différentes, dans la teinture des laines. On a porté le bleu de Prusse sur la soie, et on a produit un bleu plus beau que celui que donnaient les anciens procédés. On a découvert un vert solide pour l'impression des toiles de coton; on fixe sur le fil de lin des couleurs que jusqu'ici on n'avait fixées que sur le coton. On a trouvé moyen d'extraire et de rapprocher les principes colorans du carthame, de la cochenille, du kermès, et des bois de teinture; en sorte qu'on les emploie à l'état de tablettes ou d'extrait, ce qui facilite les opérations, diminue la main-d'œuvre, et produit des couleurs plus vives.

On est parvenu à teindre des draps en belle couleur écarlate, avec la seule garance; cette belle couleur ne paraît pas inférieure à celle qu'on obtient par la cochenille; mais exposée, comparativement avec cette dernière, à l'action de l'air pendant six semaines, l'écarlate de garance se fane peu à peu, sans perdre toutefois le ton d'écarlate, tandis que celle de cochenille change de ton, devient vineuse, mais conserve un grand fond de couleur.

La garance n'est pas la seule substance avec laquelle on ait remplacé la cochenille avec plus ou moins de succès; on est aussi parvenu à obtenir la couleur écarlate, au moyen de la laque-laque.

Jusqu'à l'époque de 1822, le prussiate de fer avait été employé pour teindre en bleu les papiers de tenture; mais depuis, il a été mis en usage avec succès pour teindre les draps communs et la soie, en bleu clair et en bleu foncé; la couleur tranche bien, et résiste aux acides, au savon et à l'urine; les alcalis la détruisent, mais on peut la faire revivre. (1)

---

(1) Voyez le *Manuel du Teinturier*.

Enfin, de nouveaux perfectionnemens ont été introduits dans l'art de la teinture; outre le parti avantageux que l'on a su tirer de la laque-laque, matière qui nous vient de l'Inde, on se sert de l'orseille, dont la fabrication en France s'élève à plusieurs millions, et l'usage plus répandu de ces deux matières a diminué le prix des étoffes dans la teinture desquelles elles entrent, et a diminué la consommation de l'indigo et de la cochenille, dont les prix sont toujours très élevés.

Le jury central de l'exposition de 1827 s'est assuré que dans aucun autre pays on n'est encore parvenu à faire mieux, et à plus bas prix, cette même variété de couleurs, que réclame chez nous l'inconstance du goût et de la mode, et qui s'appliquent aux étoffes légères.

Quelques unes de ces couleurs, il est vrai, ne durent guère plus que la mode, qui en détermine l'emploi; et plus d'une fois ce manque de solidité a nui au débit de ces étoffes. Il faut pourtant en excepter l'emploi du prussiate de fer pour la teinture des draps, dont le succès se confirme chaque jour.

12°. *Teinture en soie.*

L'industrie qui s'exerce sur la soie est importante; notre supériorité en ce genre est si reconnue, que tout ce qui tend encore à perfectionner cette belle branche de manufacture doit être accueilli. La plus importante découverte qui ait été faite dans la teinture des soies, c'est l'emploi du bleu de Prusse, en remplacement de l'indigo. La couleur en est plus vive, plus agréable à l'œil, et l'on est parvenu à lui donner toutes les nuances désirables. Cette belle couleur a reçu le nom de *bleu-Raymond*, du nom de son inventeur.

Teinture sur fil de lin.

On sait que le fil et le lin s'imprègnent des principes colorans avec moins de facilité que le coton, et que les couleurs n'y sont jamais ni aussi solides, ni aussi brillantes ; c'est ce qui a forcé jusqu'ici les fabricans de mouchoirs de fil à employer le coton pour former les bandes et les carreaux rouges, violets, marrons, dont on orne ces tissus. On est parvenu cependant à donner ces couleurs au fil de lin et de chanvre. Amiens, Montpellier, ont fabriqué des mouchoirs qui offrent des résultats satisfaisans à cet égard.

Teinture sur le coton.

Il y a à peu près quarante ans que la belle couleur de garance, fixée sur le coton, fut importée en France par des teinturiers grecs, qui s'établirent en Languedoc. Ils faisaient un secret de leur procédé ; mais les Français le pénétrèrent bientôt, et, dès ce moment, le procédé commença à recevoir des améliorations qui en ont fait une partie importante de notre industrie.

Notre intention avait été d'abord de joindre à ce qui précède les principaux procédés des fabriques, et les élémens de la mécanique industrielle ; mais ces objets, quelque intérêt qu'ils offrent, nous auraient conduit trop loin ; ils sont d'ailleurs traités dans différens MANUELS ; nous avons cru devoir terminer ici ce que nous devions dire dans celui du *Négociant et du Manufacturier.* Le *Manuel du Banquier et Agent de change,* qui suivra, complétera ce qu'il importe de savoir sur le commerce, surtout si on y joint la *Géographie commerçante.*

VOCABULAIRE

EXPLICATIF

Des termes de commerce et manufacture employés dans le *Manuel du Négociant et du Manufacturier.*

A.

Abandonnement ou *Cession de biens.* Acte par lequel un débiteur cède à ses créanciers et leur abandonne ses biens meubles et immeubles pour être vendus, et le prix en provenant être distribué selon le droit de chacun. Le titre II, chap. XI, liv. III du Code de Commerce, traite de la cession de biens.

Abats de Macédoine. Nom que portent, dans le commerce du Levant, de grosses étoffes de laine qui servent à l'habillement des pauvres.

Accaparement. En termes de police du commerce, on donne ce nom à un achat considérable de marchandises, surtout de comestibles, de manière à en faire hausser les prix.

Acceptation. En termes de commerce, c'est la signature qu'un banquier ou négociant met au bas d'une lettre de change ou effet tiré sur lui. Cette acceptation l'engage à payer la traite à son échéance.

Le refus d'acceptation d'une lettre de change est constaté par un protêt que l'on nomme *protêt faute d'acceptation.* (Voyez ce mot.)

Acétate de cuivre. C'est le verdet ou vert-de-gris.

Acétate de potasse. C'est la soude du commerce.

Acier (fabrique d'). L'art de fabriquer l'acier est nouveau en France. Ce n'est guère qu'en 1786 qu'on a commencé à en connaître la composition; en quoi il diffère du fer, et ce qui constitue l'opération de le fabriquer.

Acier poli. Cette nouvelle branche d'industrie est aujourd'hui très perfectionnée.

On estime particulièrement, dans la bijouterie d'acier, un certain état net et limpide au sein duquel la lumière environnante semble se noyer ; la taille de ces articles a été portée à un haut point de perfection, chaque face est maintenant formée au moyen d'une seule opération, tandis que précédemment elle en exigeait deux. Aussi les bijoux et ouvrages d'acier poli et taillé sont-ils à un plus bas prix que précédemment.

La France est aujourd'hui rivale, sinon supérieure à l'Angleterre, dans cette branche d'industrie peu favorisée par la mode où l'on préfère la bijouterie d'or et d'argent.

Acquit, en termes de banque ou de commerce, est la signature que le porteur d'une lettre de change y met, avec ces mots : *pour acquit.*

Acquit-à-caution Terme de douanes ; c'est un billet que les commis des douanes délivrent à un particulier qui se rend caution qu'une balle de marchandises sera vue et visitée au bureau de sa destination, et que les droits y seront acquittés.

Acquit de paiement. Terme de douanes qui désigne la quittance des droits qui ont été payés pour les marchandises qui y sont désignées.

Acte de navigation. Loi de police maritime et de douanes qui exclut du droit d'importer dans un pays des marchandises ou productions étrangères, sur d'autres vaisseaux que ceux qui viennent et sont du pays d'où ces marchandises et productions proviennent.

Acte de commerce. Conformément aux articles 632 et 633 du Code de Commerce, les actes de commerce sont ceux qui constituent marchands ceux qui s'y livrent, et les rendent par là justiciables des tribunaux de commerce.

Actionnaire. C'est le porteur d'actions d'une société commerciale.

Action. Partie d'intérêt que l'on a dans un fonds dont on a fourni une partie, et qui est représentée par un titre appelé action.

L'action peut être nominale, c'est-à-dire être au nom du porteur ou être au porteur; dans ce dernier cas elle est négociable comme effet de commerce. Dans le premier cas elle ne peut être cédée que par un *transfert*.

Adjoint au maire. C'est un magistrat municipal qui remplace le maire, et qui, dans les lieux où il n'y a pas de tribunal de commerce, peut coter et parapher les livres des négocians.

Adjudication. C'est dans les ventes publiques de marchandises aux enchères, et des bâtimens de mer, l'acte par lequel les uns ou les autres deviennent la propriété du dernier enchérisseur, et restent à ses risques et périls.

Affrétement. Terme de commerce de mer; c'est une convention ou contrat passé entre un négociant et le propriétaire d'un navire, pour le louage de son bâtiment. Le livre ii du Code de Commerce traite des conditions de l'affrétement, du droit de l'affréteur et du capitaine de navire.

Affréteur. C'est celui qui loue un navire pour le transport de ses marchandises, ou un voyage quelconque.

Agens de change. Officiers publics nommés par le gouvernement, qui seuls ont le droit de faire les négociations des effets publics et autres, susceptibles d'être cotés; de faire pour le compte d'autrui les négociations de lettre de change ou billets, et de tous papiers commerçables, et d'en constater le cours. (Code de Commerce, art. 76.)

Agens de faillite. Ce sont des personnes choisies ordinairement parmi les créanciers d'un failli, et nommées par le tribunal de commerce pour gérer la faillite, sous la surveillance du juge-commissaire. *Voyez* ce dernier mot.

Agnelin, se dit en général de la laine des agneaux qui n'ont pas été tondus, soit qu'on la coupe sur le corps, ou qu'on l'enlève de dessus la peau après qu'ils ont été tués.

Agrès. Ce sont les cordages, les voiles et toutes les choses nécessaires pour les manœuvres d'un vaisseau.

Apprentissage. En termes de police des arts et métiers, c'est un acte ou contrat passé entre un chef d'atelier ou manufacture, et celui qui veut apprendre un art ou métier sous lui; quand le sujet proposé pour l'apprentissage est mineur, ses parens, tuteur ou supérieur autorisé, stipulent pour lui, conformément à la loi du 22 germinal an XI.

Angaries. En termes de commerce maritime ce sont les prestations et obligations qu'impose un prince souverain aux navires arrêtés dans ses ports, à l'effet de transporter pour lui des soldats, des munitions de guerre pour une expédition, moyennant salaire.

Anséatiques. Nom que l'on donne à des villes de commerce situées dans le nord de l'Allemagne et sur la mer Baltique, et qui formaient jadis une ligue ou association appelée *Anséatique.*

Arbitrage, en termes de banque, est l'estimation que fait un banquier de l'avantage qu'il peut y avoir à remettre ou tirer des fonds d'une place plutôt que d'une autre, d'après la valeur des espèces courantes au cours de la place.

Arbitre, en termes de jurisprudence et de commerce, est un négociant, commerçant ou toute autre personne capable, que le tribunal de commerce nomme pour prononcer sur les contestations qui s'élèvent entre négocians pour raison de leur commerce.

Associé commanditaire. C'est celui qui prend intérêt dans une société commerciale pour les seuls capitaux qu'il y verse, et ne contracte aucun engagement au-delà dans les opérations de la société.

Assurances maritimes. Le titre x du livre ii du Code de Commerce traite des assurances maritimes.

On appelle ainsi un contrat ou engagement par lequel un particulier ou une société se rend propres et met à son compte les pertes et dommages qui peuvent arriver à un navire ou aux marchandises de son chargement, moyennant une certaine somme que lui paient ceux à qui appartiennent le vaisseau ou les marchandises; le tout suivant les conditions exprimées dans la police d'assurance.

Assuré, assureur. L'assuré est celui dont la propriété est garantie, et la perte remboursée au propriétaire.

L'*assureur* est celui qui garantit cette perte et en indemnise le propriétaire, moyennant une prime convenue dans la police d'assurance.

Ateliers insalubres ou *dangereux.* Ce sont ceux qui ne peuvent être établis dans les villes ou près des habitations, qu'après en avoir obtenu la permission des autorités administratives, conformément aux décret du 15 octobre 1810, et ordonnance royale du 14 janvier 1815.

Aval. Souscription qu'un tiers met sur une lettre ou billet de change, par laquelle il s'oblige d'en payer le montant. Ce mot est l'abrégé de *à valoir.* Aux termes du Code de Commerce, art. 142, le donneur d'aval est solidairement responsable du paiement de la lettre de change, sauf les conditions faites entre les parties.

Avaries, en termes de commerce de mer, signifie le dommage arrivé pendant la navigation, ou dans le port même, à un navire ou aux marchandises de sa cargaison. On comprend aussi sous cette dénomination les dépenses extraordinaires faites pour l'avantage du navire ou des marchandises pendant le voyage. La matière des avaries est une des plus épineuses dans les assurances maritimes. Le titre XI du livre II du Code de Commerce y est consacré.

B.

Banqueroute. L'article 438 du Code de Commerce porte : « Tout commerçant failli qui se trouve dans l'un des cas de faute grave prévus par cette loi, est en état de banqueroute. »

Il y a deux espèces de banqueroute : la banqueroute simple, qui est jugée par les tribunaux de police correctionnelle; et la banqueroute frauduleuse, qui est jugée par les cours de justice criminelle. Art. 439.

Bilan. En termes de commerce, c'est l'état et l'évaluation des effets mobiliers et immobiliers d'un négociant, des dettes actives et passives, le tableau des profits et des pertes, et celui de ses dépenses.

Le bilan a beaucoup de rapport avec *l'inventaire.* Voyez ce dernier mot.

L'article 470 du Code de Commerce désigne comme ci-dessus, le bilan qu'un failli doit remettre aux agens de la faillite, nommés par le tribunal de commerce.

Billet à ordre. C'est celui par lequel un négociant, ou toute autre personne, promet payer à l'ordre d'une autre la somme qui y est portée. L'article 187 du Code de Commerce traite des billets à ordre.

Ils sont, à quelques exceptions près, soumis aux mêmes règles que les lettres de change.

Billon. On donne ce nom à l'argent tellement plein d'alliage, qu'il n'est plus au titre prescrit par les lois. Les monnaies de billon, fabriquées en France, y ont court, mais l'introduction de celles fabriquées chez l'étranger est prohibée. (*Décret du 11 mai 1807.*)

Boucherie. Le commerce de la boucherie est assujetti à des réglemens de police, pour la qualité et le poids des viandes; mais depuis deux ans, il est rentré dans la classe des professions libres, et les bouchers ne forment plus une corporation à Paris.

Boulangerie. Fabrication et commerce du pain. Les boulangers sont assujettis à divers réglemens de police, et forment une espèce de corporation; les bons de la caisse syndicale des boulangers entrent dans la circulation, et portent intérêt. Une ordonnance royale, du 15 janvier 1817, a autorisé les administrateurs de la caisse syndicale des boulangers à émettre ces bons, de 1000 fr. chacun, pour le service de la boulangerie de Paris.

Bourse de commerce. C'est, aux termes de l'article 71 du Code de Commerce, une réunion qui a lieu, sous l'autorisation du gouvernement, des commerçans, capitaines de navires, agens de change et courtiers.

C.

Capitaine de navire. On donne ce nom à celui qui commande un bâtiment de commerce, et qui a été reçu et reconnu légalement en cette qualité. Le Code de Commerce traite des droits et devoirs du capitaine, dans le titre IV du livre II.

Cession de biens. En termes de jurisprudence commerciale, signifie l'abandon qu'un failli fait de ses biens à la masse de ses créanciers.

La cession de biens est volontaire ou judiciaire; la première résulte de conventions volontaires, entre le failli et ses créanciers; la seconde, autorisée et homologuée par le tribunal, a pour résultat de soustraire le débiteur à la contrainte par corps.

Chaîne. Terme de fabrique d'étoffe; ce sont les fils de soie, de coton, ou de laine, qui sont en long dans l'étoffe, et forment la longueur de la pièce.

Chambres consultatives des Manufactures, Arts et Métiers. Ce sont des réunions de six membres, nommés par le gouvernement, dans certaines villes de manufactures, dont l'institution est de faire connaître les besoins et les moyens d'amélioration de l'industrie locale.

Charte-partie, affrétement, nolissement, sont des mots presque synonymes. Une charte-partie est un acte ou convention écrite, pour le louage d'un navire, passée entre le propriétaire, patron ou capitaine, et le marchand, ou celui qui le loue pour son service. Voyez *Affrétement*.

Code de Commerce. Nom que porte la loi générale qui régit l'exercice du commerce de terre et de mer, en France, et dont les dispositions sont en vigueur depuis le 1er janvier 1808.

Commerçant. Aux termes de l'article 1er du Code de Commerce, sont commerçans, ceux qui exercent des actes de commerce, et en font leur profession habituelle.

Commissionnaire de commerce. C'est celui qui agit en son propre nom, ou sous un nom social, pour le compte d'un négociant. Leurs droits et devoirs sont tracés au titre IV du Code de Commerce.

Connaissement, ou *police de chargement d'un navire*. C'est une reconnaissance que le capitaine donne des marchandises chargées à son bord.

Concordat. Acte passé entre les créanciers du failli, pour régler leurs intérêts, et qui, après avoir été homologué au tribunal de commerce, devient obligatoire pour chacun d'eux; l'exécution en est confiée au syndic définitif de la faillite.

Congé. En termes de police des manufactures, c'est l'attestation inscrite sur le livret d'un ouvrier, qu'il a terminé son temps, et rempli ses engagemens chez le maître où il a travaillé. « Tout manufacturier, entrepreneur, et généralement toutes personnes employant des ouvriers, seront tenus, quand les ouvriers sortiront de chez eux, d'inscrire sur leur livret un congé portant que leur engagement a été rempli. » Arrêté du 9 frimaire an XII.

Nul ne peut recevoir un ouvrier pour travailler, s'il n'est porteur d'un congé semblable. Loi du 22 germinal an XI.

Conseil général des manufactures et du commerce. Il est établi auprès du ministre du commerce, pour s'occuper des objets qui lui sont renvoyés, relatifs à ses attributions. Institué par arrêté du 12 germinal an XII.

Conseil supérieur du commerce et des colonies. Les membres de ce conseil s'occupent des discussions relatives au commerce en grand, et à celui des colonies. Institué par ordonnance du Roi, en 1827.

Contrainte par corps. Acte judiciaire, en vertu duquel un ou plusieurs créanciers obtiennent, contre un débiteur, son emprisonnement jusqu'à ce qu'il ait satisfait à sa dette. La contrainte par corps, abolie en France par un décret du 9 mars 1793, a été rétablie par une loi du 24 ventose an V.

Contrats à la grosse. Voyez *Grosse aventure.*

Contrefaçon. Imitation plus ou moins exacte d'un objet ou produit d'industrie. Différens réglemens, notamment celui du 11 juin 1809, ont prescrit aux fabricans qui veulent s'assurer la propriété de leur invention, d'apposer leur marque sur les ouvrages

Courtage de roulage. C'est l'état que font certains commissionnaires, dans les villes de commerce, de recevoir les marchandises, de les faire placer sur des voitures, de les faire enregistrer aux douanes, et d'en acquitter les droits pour le compte des négocians. Ils sont d'une grande utilité au commerce; leurs obligations sont tracées au titre IV, livre 1er du Code de Commerce.

Courtiers. Officiers publics, nommés par le gouvernement, qui seuls ont le droit de faire le courtage des marchandises, et d'en constater le cours.

Le Code distingue trois espèces de courtiers: 1°. ceux de marchandises, dont nous venons de parler; 2°. ceux d'assurances ; 3°. les courtiers interprètes, conducteurs de navires.

Créanciers hypothécaires. Ce sont ceux qui dans une affaire d'intérêt, de faillite ou de succession, présentent des droits établis par des hypothèques légales, sur les biens d'un débiteur.

D.

Damas. Nom d'une espèce particulière de lame et d'instrument tranchant, que l'on tirait autrefois de la ville de Damas, ancienne capitale de la Syrie, célèbre par ses fabriques d'acier qui n'existent plus.

La *Société d'Encouragement* ayant offert un prix pour la fabrication des *lames de damas*, un habile artiste français est parvenu à connaître la composition des damas orientaux. Il a trouvé qu'ils étaient forgés avec un acier fondu, dans lequel le fer et le carbone ont été séparés par le refroidissement du métal, et non un mélange de fer et d'acier corroyés, comme on l'avait cru auparavant. Par cette découverte, les variétés du damas ont été imitées, et c'est aujourd'hui une industrie importante en France.

Décagramme. Dix grammes ; répond à 2 gros 44 grains 27 centièmes de grain de l'ancienne livre.

Délaissement. En termes de commerce de mer, signifie l'abandon que les propriétaires d'un vaisseau ou de son chargement font, en justice, des effets qu'ils ont fait assurer sur ce vaisseau, ou du vaisseau lorsqu'il est perdu ou qu'on n'en a pas de nouvelles. L'article 369 et suivans du Code de Commerce traite de cet acte important du commerce de mer.

Dorure. Terme de chapellerie qui désigne la partie la plus fine des poils de lièvre que l'on enlève de dessus la peau avant le feutrage.

On appelle *feutres dorés* ceux que l'on a recouverts

extérieurement d'une couche très mince d'un poil plus fin que le mélange qui fait le fond du feutre.

E.

Éjarrage. Terme usité par les ouvriers qui emploient la laine, les poils de lièvre ou de lapin, pour désigner l'opération préparatoire par laquelle on en sépare le jarre (*voyez ce mot*).

Encan. Vente publique et à l'enchère de marchandises.

Endossement. C'est l'ordre apposé au dos d'une lettre de change, qui en transmet la propriété à celui au nom de qui il est donné. L'endossement doit être daté et énoncer le nom de celui à qui il est passé. Article 136 du Code de Commerce.

Entrepôt, en termes de douanes, sont des lieux où les négocians peuvent placer les marchandises, et ne payer le montant des droits auxquels elles sont soumises, qu'à mesure qu'ils les retirent de l'entrepôt pour les vendre, quand ce ne sont pas des marchandises prohibées.

En termes d'octrois, et conformément à l'ordonnance du 9 décembre 1814, «l'entrepôt est la faculté donnée à un propriétaire ou à un commerçant de recevoir et d'emmagasiner dans un lieu sujet à l'octroi, sans acquittement de droit, des marchandises qui y sont assujetties, et auxquelles il réserve une destination ultérieure. »

Le droit doit être payé sur les quantités qu'on ne justifierait pas avoir fait sortir de la commune.

Équipage. C'est le nom que portent les matelots et les gens de mer employés à bord pour le service d'un navire. Le titre v du liv. ii du Code de Commerce traite de l'engagement et loyer des gens de l'équipage d'un navire.

Estampille. Marque, qu'aux termes de la loi du 10 brumaire an v et de l'arrêté du 3 fructidor an ix, les basins piqués, les mousselinettes, toiles, draps et velours de coton doivent porter, pour désigner le nom du fabricant, sous peine d'être réputées marchandises anglaises, et comme telles confisquées.

F.

Failli. Celui qui a fait faillite. Le Code de Commerce, livre III, art. 437, porte : « Tout commerçant qui cesse ses paiemens est en état de faillite. »

Feutre. Sorte d'étoffe qui résulte des opérations de pression et de foule, que l'on fait éprouver soit à la laine, soit aux poils de lapins, lièvres et castors, et qui sert principalement à la fabrication des chapeaux d'hommes.

Foule. Opération que l'on fait subir aux poils de lapins, de lièvres et aux laines, pour leur donner la consistance nécessaire au feutre.

Frét ou *nolis.* Nom que le Code de Commerce, titre VIII, liv. II, donne au prix du loyer d'un navire ou autre bâtiment de mer.

Ainsi l'affrétement ou nolissement est l'acte par lequel on convient des conditions du louage d'un bâtiment de mer, et le *frét* ou *nolis* est le prix convenu de ce louage, lequel est exprimé dans la charte-partie ou acte d'affrétement.

G.

Gaze. Tissu léger de fil ou de soie, clair, uni, à fleurs ou rayé (*voyez* linon).

Grosse aventure. Le Code contient, au livre II, un titre des *Contrats à la grosse,* c'est-à-dire à la grosse aventure. La grosse aventure est un terme de commerce de mer, un prêt d'argent que l'on fait sur le navire ou les marchandises qu'il transporte, pour en retirer un certain profit, et à condition que si le navire et les marchandises arrivent à bon port, le bénéfice du prêteur sera de tant, et que, si le navire ou les marchandises viennent à périr, le prêteur perd tout ce qu'il a prêté. Plus les dangers sont grands, plus le prix du prêt est haut.

Gramme. Poids métrique. Un gramme répond à 18 grains 83 centièmes de grain de la livre ancienne.

H.

Hectogramme. Cent grammes ; répond à 3 onces 2 gros 10 grains 71 centièmes de grains de l'ancienne livre.

J.

Jarre Poil dur et rude qui se trouve mélangé dans les toisons et les peaux de lièvres, lapins, à la laine et aux poils, et qui les dépassent en longueur.

Jet et *contributions.* Ces deux expressions se trouvent réunies dans la jurisprudence du commerce de mer. La première signifie la partie du chargement qu'un capitaine, assailli par la tempête ou par l'ennemi, est obligé de *jeter* en mer pour sauver le navire ; la seconde désigne ce que chaque propriétaire des objets jetés à la mer doit supporter des pertes que le jet a entraînées sur la valeur de la cargaison. Cette matière a été traitée au titre xii du second livre du Code de Commerce.

Juge-commissaire. En termes de jurisprudence de commerce, c'est un juge que le tribunal de commerce commet pour prendre connaissance de toutes les causes et circonstances d'une faillite, et en faire son rapport au tribunal de commerce.

K.

Kilogramme. Mille grammes ; répond à 2 livres 5 gros 35 grains 15 centièmes de grain de l'ancienne livre, poids de marc.

L.

Lettre de change. C'est un mandat qu'un banquier

ou un négociant donne pour faire payer à celui qui en sera porteur, l'argent exprimé dans la lettre. Celui qui donne le mandat s'appelle *tireur*, celui qui le reçoit *porteur*. Le titre VIII du Code de Commerce traite des *lettres de change*.

Licence. En terme de fiscalité c'est une autorisation que l'administration accorde à un particulier de fabriquer, vendre ou transporter une marchandise, moyennant l'acquit d'un droit annuel.

Linon. Ce nom s'applique à deux espèces de tissus différens. On entend par ce mot une toile claire et légère, faite de lin fin, qui ne diffère de la batiste que par le plus de finesse des fils, dont le linon est composé; il est en conséquence nommé *linon-batiste*, et sert à faire des surplis, et à des ajustemens de femmes; on donne encore, chez les marchands, le nom de linon à un tissu à jour, très ressemblant à la gaze, et que les ouvriers appellent *gaze de fil*.

Livre ancienne ou *livre poids de marc*, se divisait en 2 marcs, le marc en 8 onces, l'once en 8 gros ou drachmes, le gros en trois scrupules ou deniers, le scrupule en 24 grains.

Livre-journal. C'est, aux termes de l'article 8 du Code de Commerce, celui où tout commerçant est tenu d'inscrire, jour par jour, ses dettes passives et actives, et les opérations de son commerce.

Livre des inventaires. Aux termes de l'article 9 du Code de Commerce, c'est celui où tout commerçant est tenu d'enregistrer l'inventaire qu'il est obligé de faire chaque année, de ses effets mobiliers et immobiliers, ainsi que de ses dettes actives et passives.

Livret. Nom que porte un livret dont les ouvriers doivent être pourvus, et sur lequel sont inscrits les jours d'entrée et de sortie des fabriques où ils ont travaillé, ainsi que le congé régulier qu'ils ont obtenu en sortant de chez les maîtres, conformément à la loi du 22 germinal an XI, et à l'arrêté du 11 frimaire an XII.

M.

Mahon. Espèce de drap qui se fabrique dans les départemens formés du Languedoc, pour le commerce du Levant.

Maille, en termes de bonneterie, c'est l'entrelacement du fil formant le tricot.

Maire. Chef d'une municipalité. Il peut, dans les lieux où il n'y a point de tribunal de commerce, coter et parapher les livres d'un négociant. Il exerce aussi diverses fonctions relativement à la visite des ateliers et manufactures, pour l'exécution des lois de police qui les concerne.

Maître de navire. C'est ainsi qu'est désigné, dans le commerce de mer, celui à qui on a confié la direction d'un vaisseau marchand, qui le commande en chef, et se charge des marchandises qui sont à bord. Dans la Méditerranée le maître s'appelle *patron*, et dans les voyages de long cours et sur de gros bâtimens, capitaine de navire. Le livre 11 du Code de Commerce en traite très au long.

Mandat. Acte par lequel une personne donne à une autre le pouvoir de faire quelque chose en son nom.

Le mandat est aussi, en termes de commerce, un ordre donné par un banquier ou négociant de faire un paiement au porteur indiqué dans le mandat. Ce mandat est une sorte de délégation sur la caisse ou les revenus de celui qui les donne.

Manifeste, en termes de commerce de mer, signifie l'état des marchandises chargées sur un vaisseau.

Manufacture. Mot qui signifie *travail de la main*. Il s'entend quelquefois du lieu où l'on travaille, mais plus ordinairement pour un établissement distingué de la fabrique, parce qu'il suppose un plus grand nombre d'ateliers, d'ustensiles, d'ouvriers, etc.; en ce sens cependant la manufacture ne diffère de la fabrique ni par la matière qu'on y travaille, ni par la nature des opérations que cette matière subit, mais seulement par la plus ou moins grande réunion d'opérations, et la plus ou moins grande quantité d'objets qui en résultent.

Marchandises prohibées. Ce sont celles dont l'entrée et la vente en France sont prohibées.

Marques des fabriques. Différentes lois et réglemens assujettissent les fabricans, ouvriers et manufacturiers, à placer une marque particulière sur les produits de leur industrie, pour garantir qu'ils en sont les inventeurs ou fabricans, et prévenir les contrefaçons.

N.

Nolis. C'est la même chose qu'*affrétement*, c'est-à-dire le louage d'un navire pour transport de marchandises ou voyage.

Nolissement. Acte passé entre le propriétaire ou le capitaine d'un navire, et celui qui le loue pour son service ; c'est la même chose qu'*affrétement*. Le titre vi du livre ii du Code de Commerce traite de l'affrétement, nolissement et charte-partie (*voy. ces mots*).

O.

Octrois ou *octrois municipaux*, sont des droits établis aux entrées de certaines villes sur les objets de consommation locale. Les droits d'octrois perçus au profit des villes sont différens des droits d'entrée qui se perçoivent au profit du trésor.

Conformément à l'ordonnance royale du 9 décembre 1814, les objets de consommation locale, soumis à l'octroi, sont les boissons et liquides, les comestibles, les combustibles, les fourrages et les matériaux. Sous ce dernier nom l'on entend les matériaux nécessaires aux constructions, bois de charpente, plâtre et pierres.

Organsin. Soie préparée pour faire la chaîne des étoffes. Il est composé de deux brins de soie grège (*voyez ce mot*); il y en a de trois ou quatre, mais les plus ordinaires n'en ont que deux. Les organsins viennent surtout d'Italie.

P.

Passe-debout. On désigne par ce mot, en termes de douanes et de perception des octrois de villes, les marchandises ou denrées qui passent par une ville ou un pays sujet aux droits, sans s'y arrêter. Les commis délivrent à cet effet aux conducteurs un certificat de *passe-debout.*

Une somme est consignée pour répondre de l'exécution du passe-debout; mais lorsqu'il est possible de faire escorter le conducteur, cette formalité n'est pas exigée.

Patente. C'est l'autorisation donnée par l'autorité à un marchand ou fabricant, d'exercer sa profession par l'acquit du droit établi pour l'obtenir.

Peaux vertes. Les tanneurs et autres ouvriers qui fabriquent les peaux, appellent ainsi les peaux récemment dépouillées de dessus l'animal.

On appelle aussi *peaux vertes* celles qui ont déjà reçu une préparation, et qui n'ont aucune imperfection.

Police d'assurance. C'est le nom de l'acte ou contrat contenant les conditions auxquelles un particulier ou une société se rend propres les accidens arrivés à un navire ou aux marchandises de son chargement, et en indemnise les propriétaires moyennant une prime qu'ils paient à l'assureur.

Prescription. Expression de jurisprudence qui désigne l'époque aux termes de laquelle une dette ne peut plus être réclamée, ou le paiement d'un effet de commerce exigé. Toute action pour se faire payer d'une lettre de change ou des billets à ordre est prescrite au bout de cinq ans, à compter du jour du protêt.

Protêt. C'est ainsi qu'en termes de jurisprudence commerciale, on nomme une sommation judiciaire faite par un huissier à un banquier ou marchand d'accepter une lettre de change ou billet tiré sur lui par un correspondant, ou bien de le payer quand le temps du paiement est échu, et que celui qui a accepté l'effet refuse de le payer.

Il y a deux sortes de protêt, celui qui se rapporte au refus d'acceptation, et celui qui est motivé par le paiement refusé ; ainsi il y a protêt *faute d'acceptation* et *protêt faute de paiement.*

Le Code de Commerce traite au long des deux espèces, au titre VIII, livre 1.

Provision. En termes de commerce, c'est la valeur dont est nanti celui sur qui un correspondant tire une lettre de change (*voyez* section 1re du titre VIII, livre 1 du Code de Commerce, art. 115).

Prud'hommes (conseils de). Espèce de tribunal administratif et de police, établi dans différentes villes en vertu d'une loi du 18 mars 1806.

Le conseil de prud'hommes est institué pour terminer, par la voie de conciliation, les petits différends qui s'élèvent journellement soit entre les fabricans et les ouvriers, soit entre des chefs d'ateliers et des compagnons ou apprentis.

La juridiction et les attributions des conseils de prud'hommes ont été étendues et accrues par le réglement du 9 juin 1819 ; par le décret du 3 août 1810, et par l'ordonnance royale du 8 août 1816, sur la marque des étoffes et objets de fabrique.

Les membres du conseil des prud'hommes sont élus par les manufacturiers, chefs d'ateliers et maîtres ouvriers, parmi ceux du même état dans la commune.

R.

Raison sociale, en termes de jurisprudence commerciale, désigne les noms sous lesquels une société en nom collectif est formée ; un seul membre a la signature au nom de la société ; la raison sociale se compose des associés, qui sont tous solidaires pour tous les engagemens de la société, quoiqu'un seul signe *un tel et compagnie*.

Remise. Lorsque cette expression est opposée à *traite*, il signifie la lettre de change qu'un négociant ou banquier envoie à son correspondant pour qu'il reçoive la somme portée dans la lettre ; la traite au contraire est une lettre de change que le banquier fait tenir à son correspondant, pour qu'il ait à la solder ; on peut donc considérer la *remise* comme un mandement de recevoir, et la traite comme un mandement de payer.

Rechange. C'est le nouveau change que paie un négociant pour se procurer de l'argent lorsque la lettre de change, dont il est porteur, a été protestée.

Retraite. En termes de jurisprudence commerciale, c'est une nouvelle lettre de change que prend un négociant, au moyen de laquelle il se rembourse sur le tireur ou sur les endosseurs du principal d'une lettre protestée, et du nouveau change qu'il paie pour se la procurer.

Revendication. C'est l'acte par lequel un créancier réclame dans les marchandises d'un failli celles qu'il lui a vendues et même livrées, et dont le prix ne lui a pas été payé.

Réhabilitation. En termes de législation commerciale, c'est un jugement du tribunal d'appel en vertu duquel, et d'après les pièces fournies, un failli est relevé des peines et obligations auxquelles il était soumis comme failli. Le banqueroutier simple peut également être admis à la réhabilitation. Art. 613 du Code de Commerce.

Rôle d'équipage. Terme de marine marchande; c'est l'état authentique des noms, prénoms, professions de tous les hommes qui montent un navire. Son objet est de constater qu'au moins les deux tiers de l'équipage sont des marins français.

Roulage. Voyez *Courtage de roulage.*

S.

Sac de farine. Quantité de farine du poids de 325 livres anciennes. C'est de cette expression qu'on se sert dans le commerce de la boulangerie de Paris.

La consommation de cette capitale, en farine, est de 1600 sacs par jour, un peu plus ou un peu moins.

Schakos. Sorte de coiffure militaire, qui n'a ni le fond ni les bords des chapeaux, qui sont faits d'un feutre grossier, et qui, étant *foulés*, ont la forme de manchons.

Secrétage. Opération de l'art du chapelier, au moyen de laquelle on procure aux poils destinés à la fabrication des feutres une qualité feutrante plus active que celle qu'ils ont reçue de la nature. Ce procédé fut apporté d'Angleterre en France; ce n'est plus un secret : il est connu de tous les fabricans de chapeaux.

Ségovine. Nom d'une des belles espèces de laine d'Espagne; ce nom vient de Ségovie, ville du même royaume, d'où se tirent les fines laines d'Espagne.

Serge. Etoffe légère de laine croisée. Il y a cette différence entre l'étamine et la serge, que dans l'étamine la chaîne et la trame sont également lisses, également serrées; au lieu que dans la serge la trame est de laine cardée et filée lâche, pour faire draper l'étoffe.

Siamoise. Etoffe d'abord faite de soie et coton, imitée en France de celle que portaient les ambassadeurs de Siam qui furent envoyés à Louis XIV;

c'est de là qu'est venu son nom. Les siamoises ont été faites ensuite de fil de lin en chaîne et de coton en trame.

Silésie. Drap d'une espèce légère, tout de laine, dont le nom vient du pays d'où les premières pièces ont été fabriquées.

Sociétés commerciales. Ce sont celles qui sont autorisées par le Code entre marchands, négocians, commerçans et manufacturiers, pour l'exploitation d'une branche de commerce ou d'industrie.

Le Code distingue trois sortes de sociétés commerciales : la société en nom collectif, la société en commandite et la société anonyme. (Art. 19.)

La *société en nom collectif* est celle que contractent deux ou plusieurs personnes, et dont l'objet est de faire commerce sous une raison sociale.

La *société en commandite* est celle qui se contracte entre plusieurs associés responsables et solidaires, et un ou plusieurs associés simples bailleurs de fonds, que l'on nomme *associés commanditaires.* Elle est régie sous un nom social, qui doit être celui d'un ou plusieurs des associés responsables et solidaires.

La *société anonyme* est celle qui n'existe sous aucun nom social; elle n'est désignée par le nom d'aucun des associés, et est seulement qualifiée par la désignation de l'objet de son entreprise; de là le nom d'*anonyme,* qui lui est donné par le Code de Commerce.

Outre ces associations commerciales, le Code en admet une quatrième, sous le nom de *société en participation;* c'est celle qui a lieu dans une entreprise commerciale dans les formes et avec les proportions d'intérêt dont les associés conviennent. Ces sociétés ne sont point sujettes aux formalités légales des précédentes.

Soie. Cette précieuse matière a divers noms, suivant l'emploi qu'on en fait et la préparation qu'on lui donne : la *soie cuite,* par opposition à *soie crue,* est celle qu'on a mise à l'eau chaude ou seulement à la vapeur de l'eau chaude pour en faciliter le filage et le dévidage. Ce sont les plus fines soies.

On appelle *soies tramées*, celles qui servent à faire les trames des étoffes ; *soies plates*, les soies non torses préparées pour travailler à l'aiguille en tapisserie, en broderie ; *soies torses*, des soies préparées au moulinage pour les ornemens de passementerie et autres ouvrages semblables ; *soie en bottes*, les organsins d'Italie, qui, après la teinture, sont mis en bottes ou en paquets par les plieurs ; les *bourres de soie* sont tirées de cette espèce d'étoupe soyeuse qui couvre l'extérieur des cocons ; on lui donne une préparation pour la filer.

Soie grège, grèze ou *crèze*, est la soie telle qu'elle a été tirée des cocons avant que d'avoir été filée ou qu'elle ait souffert aucun autre apprêt. On l'appelle aussi *soie en matrasse ;* la majeure partie de ces soies viennent du Levant par pelottes ou en masses. Voyez *Organsin*.

Sucre, denrée coloniale de la plus grande consommation, extraite de la canne, et apportée en France de l'Amérique, des Indes et des colonies.

Il résulte d'un mémoire présenté à la *commission d'enquête*, formée en 1828, pour donner au gouvernement des renseignemens certains sur le commerce, qu'il a été consommé en France, pendant 1827, les quantités de sucre suivantes :

Sucre brut de nos colonies. . . .	65,310,000 kilogr.
Sucre terré, *idem*.	517,949
Ensemble.	65,827,949 kilogr.
Sucre brut étranger.	156,088
Sucre terré, *idem*.	788,288
Total.	66,772,325 kilogr.

Syndic. En termes de jurisprudence de commerce,

c'est un des créanciers d'un failli chargé de gérer les affaires de la faillite. Il y a des syndics provisoires et définitifs.

Les syndics provisoires sont nommés par le tribunal de commerce, sur une liste présentée par les créanciers réunis.

Les syndics définitifs sont nommés de la même manière, dans une assemblée subséquente des créanciers. Il n'y a qu'un syndic définitif, mais ordinairement plusieurs syndics provisoires.

T.

Tissage. Terme des fabriques d'étoffes; c'est l'opération par laquelle on passe, à l'aide de la navette, les fils de trame à travers des fils de chaîne pour composer le tissu de la pièce d'étoffe.

Tissu. (Voyez *Tissage.*)

Toiles métalliques. Nom d'une espèce de tissu ou plutôt de réseau formé de fil de métal. L'utilité de ces toiles, dans lesquelles on voit le métal rivaliser en quelque sorte de finesse avec le tissu des étoffes de laine ou coton, est reconnue par l'emploi qu'on en fait pour les tamis et cribles, dans les manufactures de papier, pour les garde-feu, les lampes de sûreté, les stores de fenêtres, etc.

Il y a de ces toiles métalliques formées d'un tissu croisé d'acier, d'or et d'argent, d'un bel effet.

Tonnage. En termes de mer, on appelle ainsi la capacité d'un navire relativement au poids qu'il peut porter. Ce mot vient de *tonneau;* un tonneau de mer est du poids de 3,000 livres poids de marc.

Traite. Mandement qu'un négociant ou banquier donne à son correspondant de payer la somme portée dans une lettre de change, ou billet de crédit qui lui est adressé.

Trame. Terme de manufacture d'étoffe; c'est le fil, de quelque espèce qu'il soit, coton, laine ou soie, que l'on passe à l'aide de la navette dans la largeur de l'étoffe ; la chaîne consiste dans les fils qui forment la longueur de la pièce d'étoffe. (Voyez *Chaîne*.)

Transfert. C'est ainsi qu'on appelle le changement qui se fait de la propriété d'une inscription de rente ou d'une action, en inscrivant sur un registre le nom du nouvel acquéreur à la place de celui du précédent propriétaire. Telle est la forme qui s'observe dans le commerce des *actions nominales*.

Tribunal de commerce. En vertu du titre 1er, livre IV du Code de Commerce, chaque tribunal de commerce est composé d'un président et de juges élus dans une assemblée de commerçans notables. Tout commerçant, pour être juge, doit avoir trente ans au moins, et quarante ans pour être président du tribunal.

FIN DU VOCABULAIRE.

TABLE DES MATIÈRES.

DE L'IMPRIMERIE DE CRAPELET,
rue de Vaugirard, n° 9.